坚硬特厚煤层综放采场围岩控制理论及技术研究

周晓路　高艳刚　朱贵祯　著

U0313325

应 急 管 理 出 版 社

· 北　京 ·

内 容 提 要

　　本书共分为6章，主要包括绪论、坚硬特厚煤层综放工作面矿山压力显现规律实测研究、工作面上覆岩层运动规律研究、工作面沿空掘巷煤柱尺寸优化研究、工作面顶煤弱化技术研究、工作面回采工艺优化研究。

　　本书可供煤炭行业从事坚硬特厚煤层综放工作的管理人员和技术人员借鉴参考，也可供高等院校相关专业的师生学习阅读。

前　言

　　煤炭在我国一次能源消费结构中一直占 50% 以上的比例，是我国能源的主要组成部分，在国民经济和社会生活中具有重要的战略地位。我国厚及特厚煤层储量、产量均占煤炭总储量和总产量的 44% 左右。目前，我国厚煤层主要有 3 种开采方法，即分层开采、大采高开采和综采放顶煤开采方法。综采放顶煤开采方法是近 40 年来在我国迅速发展起来的开采特厚煤层的安全、高产、高效新技术。由于综采放顶煤开采安全状况好、成本低、投入产出效果好，已在我国已得到广泛应用，大多数采用综放开采的矿井都取得了良好的技术经济效果，将特厚煤层的资源优势变成了生产效益优势。综放开采技术已成为我国特厚煤层矿井实现集约化安全高效生产的重要技术发展方向。

　　在放顶煤开采过程中，当煤层厚度较大、煤体较坚硬、夹矸层较厚时（统称为"坚硬特厚煤层"），开采后将形成大空间采场的覆岩结构，矿山压力将不同于常规综放工作面，当矿山压力作用不能使顶煤及时垮落和充分破碎，大量顶煤难以回收，造成工作面回采率低，并埋下采空区遗煤自然发火严重的隐患，同时也必将严重威胁工作面安全生产，这成为制约坚硬特厚煤层综放工作面生产效率提高的又一重要影响因素。

　　本书以内蒙古准格尔旗特弘煤炭有限公司官板乌素

1

煤矿太原组中部 6 号煤层及其顶底板为研究对象，采用现场实测、理论分析、数值模拟及现场实践的方法，对坚硬特厚煤层综放工作面矿山压力显现规律、坚硬特厚煤层综放工作面覆岩运移规律、坚硬特厚煤层综放工作面沿空掘巷位置选择及围岩稳定性、坚硬特厚煤层综放工作面顶煤钻孔弱化技术、坚硬特厚煤层综放工作面安全高效回采工艺优化设计等 5 个方面做了研究，取得了如下主要成果：

（1）坚硬特厚煤层综放工作面矿山压力显现规律研究。对官板乌素煤矿特厚煤层综放 611 回采工作面地表沉陷变形演化规律进行研究分析。在 611 工作面地表布置观测站，定期对各测点进行观测，由各监测点数据，从各监测点下沉、倾斜、曲率、水平移动和水平变形等方面研究了特厚煤层综放回采工作面沉陷特征，定量描述了地表沉陷的静态参数和动态参数，揭示了坚硬特厚煤层综放开采工作面沟壑地表沉降规律。

（2）坚硬特厚煤层综放回采工作面覆岩运移规律研究。基于官板乌素煤矿特厚煤层综放回采工作面地表沉陷特征及规律，研究了采场覆岩移动特征及其破坏高度。利用理论分析、数值模拟等方法对坚硬特厚煤层综放工作面覆岩的力学传递特征及运动规律进行分析研究，得出了工作面"三带"发育高度，并根据地表沉降规律进行了相应修正。

（3）坚硬特厚煤层综放工作面沿空掘巷位置选择及围岩稳定性研究。结合坚硬特厚煤层覆岩运移规律及顶板应力分布特征，通过理论分析和数值模拟的方法研究分析了特厚煤层综放工作面侧向和超前支承压力分布特征，确定了沿空巷道的合理位置，并对特厚煤层开采沿空掘巷留设窄煤柱及巷道围岩稳定性展开了研究，保证了工作面安全高效开采。

（4）坚硬特厚煤层综放工作面顶煤钻孔弱化技术研究。制定了坚硬特厚煤层大直径钻孔顶煤弱化方案，对顶煤预裂钻孔建立了力学模型，对其应力及塑性区进行了计算分析。研究了钻孔孔径、煤体垂直应力、水平应力、内聚力、内摩擦角以及回采过程对顶煤钻孔弱化效果的影响。利用数值模拟软件结合工作面开采过程对不同钻孔孔径、钻孔长度和钻孔间距条件下钻孔预裂效果进行了分析，最终确定钻孔参数。

（5）坚硬特厚煤层综放工作面安全高效回采工艺优化设计研究。根据现场调研 6 号煤层赋存条件、巷道布置方式、开采条件等综合情况，采用理论分析、方案比对、模糊综合、经济效益比对相结合的方法对 6 号坚硬特厚煤层综放开采工艺、人员组织的合理性及可行性进行研究，综合考虑各回采工艺参数对顶煤冒放性影响，利用正交试验高效设计组合方案，进行数值模拟，选出了最优方案，得出了最合理的工艺参数组合及精确的范围值。

本书的研究工作得到了中国矿业大学（北京）王志强教授的悉心指导，谨向王教授致以诚挚的谢意；感谢内蒙古准格尔旗特弘煤炭有限公司官板乌素煤矿有关领导和技术同仁在工程调研、现场监测、数据整理中给予的大力支持和帮助；感谢在课题研究过程中请教过的北京天地华泰矿业管理股份有限公司朱涛博士、内蒙古世纪中能矿业有限公司曹学杰高工。

本书中的观点和相关结论是初步的，尚需要在更多的实践和理论分析基础上不断改进和完善，才能为解决工程难题提供更有效的方法。限于作者水平，书中难免有不足之处，敬请读者批评指正。

周晓路

2020 年 11 月

目　次

1 绪 论

1.1 研究的背景和意义

　　煤炭在我国一次能源消费结构中一直占 50%以上，是我国能源的主要组成部分，在国民经济和社会生活中具有重要的战略地位。我国厚及特厚煤层储量、产量均占煤炭总储量以及总产量的44%左右。自 20 世纪 50 年代开始，经过广大煤炭科研、技术人员大量的试验研究，我国厚煤层开采逐渐形成了 3 种主要采煤方法，即分层开采、大采高开采和综采放顶煤开采方法。分层开采方法是将厚及特厚煤层通过将煤层分成若干层进行回采，即相当于以降低开采高度的方式降低开采难度，但采用分层开采时存在生产效率低、巷道工程量大和易自然发火等缺点。综采放顶煤开采方法是 20 世纪 80 年代来在我国迅速发展起来的一种安全、高产、高效开采特厚煤层的新技术。由于综采放顶煤开采安全状况好、成本低、投入产出效果好，目前在我国已得到广泛应用，大多数采用综放开采的矿井取得了良好的技术经济效果，将特厚煤层的资源优势变成了生产效益的优势。综放开采技术，已成为我国特厚煤层开采、矿井实现集约化安全高效生产的重要技术发展方向之一。

　　目前，我国特厚煤层的开采应用最多的是综合机械化放顶煤开采，放顶煤开采方法实际上是高落放矿法和长壁开采法相结合而成的一种采煤方法，放顶煤开采采用的是"以放为主，以采促放"的基本原则。虽然综放开采利用矿山压力、支架支撑破碎顶煤能够达到高产、高效、安全和低耗的目的，但与分层假顶相比，其采出率低是长期存在的主要问题。特厚煤层综放工作面的煤炭损失主要分为两部分，即正常损失（工艺损失、端头损失、初末采损失）与非正常损失（地质构造引起煤损、区段煤柱损失）。为了最大限度地提高综放工作面采出率，我国特厚煤层综放工作面多根据具体条件确定合理采区参数及巷道布置，加强工作面初末采及工作面端头管理，合理优化工艺参数，提高顶煤冒放性，加强工作面沿空留巷、沿空掘巷等技术的可行性研究，尽量减少各种煤炭损失，提高工作面采出率。

在放顶煤开采中，当煤层厚度较大、煤体较坚硬、夹矸层较厚时（统称为"坚硬特厚煤层"），开采后将形成大空间的采场覆岩结构，矿山压力将不同于常规综放工作面，当矿山压力作用不能使顶煤及时垮落和充分破碎，大量顶煤难以回收，造成工作面采出率低，并埋下采空区遗煤自然发火严重的隐患，这也将严重威胁工作面安全生产，成为制约坚硬特厚煤层综放工作面生产工效提高的又一重要因素。

官板乌素煤矿属于内蒙古准格尔旗特弘煤炭有限公司管辖矿井，现主采煤层为6号煤层，煤种为长焰煤，煤层埋深218.54~283.72 m，平均251.13 m。煤层厚度为11.65~18.84 m，平均12.5 m，属于特厚煤层。煤层含矸4~12层，平均10层，夹矸总厚度平均2.12 m，夹矸岩性主要为泥岩和炭泥岩。6号煤层611工作面采用走向长壁后退式综采放顶煤采煤方法，采煤机割煤高度为3.5 m，放顶煤高度平均9 m，采放比为1:2.6，顶板采用全部垮落法管理。

6号特厚煤层在回采过程中因煤层开采厚度大、覆岩运移破断范围广、不同层位的顶板破断特征及其矿压作用机制差异较大，造成大空间覆岩应力分布及采场矿压显现复杂。由于6号坚硬特厚煤层综放工作面回采条件下的采场矿压规律不明，采用经验方法确定工作面回采工艺参数、人员组织，且相邻工作面间留设20~25 m区段大煤柱，对于12.5 m特厚煤层，降低了采区采出率，更降低了矿井的综合效益。同时，6号特厚煤层综放工作面，因煤本身硬度较大，导致顶煤存在难垮落、垮落块度大、顶煤采出率低、采场顶板控制困难等问题。

官板乌素煤矿目前回采 6 号煤层 611 工作面，机采高度为3.5 m、放顶煤高度为 9 m、工作面长 164 m、推进距离约 816 m、工作面间留设 20~25 m 护巷煤柱、末采期间上山保护煤柱 20 m；据工作面实际统计数据，工作面月推进度为 100 m、产量为 1.7×10^5 t，则可计算出实际顶煤采出率仅为 37.9%、正常放顶煤阶段的工作面采出率仅为 55.28%、采区采出率仅为 45.66%。

因此，针对上述问题，对官板乌素煤矿 6 号煤层综合机械化放顶煤开采工艺、煤柱留设与巷道布置开展研究，可显著提高矿井采出率，同时，可相对延长矿井的服务年限，也可显著改善该矿待采储量即将枯竭的现状，具有重要的经济与社会效益。

1.2 国内外研究现状及发展趋势

我国引进综放开采技术已近 40 年，经过国内煤炭高校、科研院所和煤矿等从业者多年的摸索、创新与提高，目前已达到世界领先水平，并先后出现了晋能控股集团、山东能源集团、中煤平朔集团等一大批以综放开采技术为主的大型煤炭生产集团。随着技术的进步及综采装备性能的提升，在部分适宜的煤层地质条件下，我国实现了大采高放顶煤开采技术。

但是，综采放顶煤采出率的问题一直为煤炭科技工作者所诟病，为了提高我国特厚煤层综放工作面采出率，国内外煤炭科技工作者经过大量研究，提出了提高放顶煤采出率的根本途径主要为工艺优化提高顶煤采出率与降低煤柱留设尺寸两个方面，而顶煤是否发生充分破碎与煤柱留设尺寸的主要依据采场覆岩运动及在采场形成的支承应力分布情况。

1.2.1 综合机械化放顶煤回采覆岩运动规律研究现状

自综放开采技术在我国成功应用以来，国内外相关专家、学者在采场上覆岩层活动规律方面进行了大量、深入、细致的研

3

究。其中，在综放开采矿压显现规律的研究中，取得了十分丰富的成果。综放开采矿压规律的研究主要集中于支架适应性、工作阻力监测、周期来压规律、动载系数、煤壁片帮、端面漏冒顶、超前回采巷道变形等方面。同时，根据采场回采情况研究地下采矿活动所引起的地表移动规律，经过几十年的发展，取得了一系列的开采沉陷预计、技术体系和控制理论。而地表沉陷和采场覆岩运动是一个有机整体，采场矿压显现的低位顶板岩层的破断运动特征影响着对应关键层上方地表的移动与变形规律。地表沉陷现象是覆岩移动传播到地表的具体表现形式，而覆岩移动是地表沉陷产生的动力和诱因，因此岩层受采动影响后的移动破断形式以及运动后最终形态决定了地表的沉陷特征。

最初，中国工程院刘天泉院士基于大量现场实测和理论分析对覆岩破坏形态及导水裂缝带发育规律进行了系统研究，统计得出了导水裂缝带发育高度计算公式。中国工程院钱鸣高院士则在大量现场观测的基础上，于 20 世纪 80 年代提出了"砌体梁"结构力学模型。钱院士认为，工作面开采后采场上覆坚硬岩层断裂后会形成排列整齐的岩块，并受水平推力的作用可形成铰接结构，该假说很好地解释了采场矿压显现的一些基本规律。为了更好研究开采后上覆岩层内的裂隙分布以及裂隙区内瓦斯抽放和离层区内注浆减沉等问题，钱院士等进一步提出了岩层控制的关键层理论。而中国科学院宋振骐院士等则基于基本顶岩块传递力的概念，提出了"传递岩梁"假说，其认为基本顶断裂后的岩块始终能相互咬合在一起，并向工作面煤壁前方及采空区矸石传递作用力。

河南工程学院高新春等运用相似材料模拟技术，模拟"三软"厚煤层采场受到采动影响后的变化状态，得到上覆岩层的破坏和运移趋向。山西煤炭运销集团朔州有限公司郭成英对工作面坚硬特厚煤层上覆岩层运动规律进行研究，得出随工作面的推进工作面出现顶板来压和顶煤来压的两种压力，并且在顶板来压和顶煤来压相互叠加作用下工作面观测的强度较高。河南理工大学李化敏等针对大采高综放工作面覆岩运动空间大、扰动强的特点，建立了上位砌体梁—下位倒台阶组合悬臂结构模型，即低位基本顶转化为直接顶成为悬臂结构，高位基本顶形成砌体梁。

针对高位硬岩层破断的结构特征（目前主要是聚焦于薄板和梁两种力学模型），建立了薄板力学模型，认为高位关键层破断前呈薄板结构，并对不同边界条件下板的破断形式进行了分析。建立了高位硬厚岩层弹性基础支撑下的 Winkler 基础正交梁力学模型，得到高位硬厚岩层走向和倾向的弯矩及挠度表达式，得到了特征弯矩及其位置的计算式，预测得到高位硬厚岩层的破断步距。通过理论分析对综放采场上覆厚层坚硬顶板的运动、破坏形式及其力学判断准则进行了研究，同时对工作面初次来压、周期来压阶段上覆厚层坚硬顶板的动态稳定性进行了判定和应用。

中国矿业大学许家林等通过现场实测、物理模拟和数值计算等方法研究了采场上覆岩层内主关键层对地表动态变形的控制作用，指出主关键层的破断可引起上覆岩层直至地表发生同步协调变形，主关键层下沉值和下沉速度的增大，相应可引起地表下沉值和下沉速度的同步增大，同时地表动态变形随着主关键层的周期破断而发生周期性的变化。

中国矿业大学（北京）左建平等将煤层附近近场岩层的移动破断规律和地表松散层的动态沉降规律有机结合起来进行研究，推导了基岩破断的初次破断和周期破断力学模型，指出基岩层呈倒漏斗形破断机理，而松散层呈漏斗形破断机理，据此揭示了厚松散层覆岩整体移动呈现"类双曲线"移动特征，据此可更好预测地表沉陷的范围。

根据地表动态变形规律预测地下煤层开采对地表构筑设施等的危害程度，不少专家学者从覆岩结构、时间函数等方面对工作面采动过程中地表变形规律开展了大量研究工作。随着采出空间的增大，开采导致上覆岩层活动剧烈，进而影响采场矿压显现的覆岩范围加大，地表变形也更加严重。对特厚煤层综放开采条件下的矿压显现—地表变形对应的时空关系展开相关研究，并揭示工作面矿压显现强烈与地表变形破坏严重的机理。

1.2.2 综合机械化放顶煤回采工艺研究现状

20 世纪 80 年代以来，国内厚煤层矿井试行并逐步推广综采放顶煤技术，随着对放顶煤技术的研究及国内外专家学者的长期不懈努力，目前关于综采放顶煤研究已经取得了丰硕的实践与理论成果。

中国科学院宋振骐院士等在总结综采放顶煤实践成果的基础上，为放顶煤开采的应用条件选择、工作面支架选型等提供理论和实践基础。太原理工大学柴肇云等定量和定性研究了煤层的赋存深度、煤体强度、裂隙发育程度、夹矸层位置和厚度、煤层厚度以及顶板条件对其顶煤冒放性的影响及其相关规律，在此基础上，运用模糊数学理论对其顶煤冒放性进行预测。陕西能源职业技术学院王家明通过对蒋家河煤矿综采放顶煤工作面回采过程的研究，探索出一套成功的操作工艺，最大限度地提高了采出率，减少了煤炭资源浪费，实现了矿井的安全及高产高效。

泸西煤炭公司对综采放顶煤工艺及相应的配套设备，给出了急倾斜厚煤层和缓倾斜厚煤层中的巷道布置方式、采高及采区走向长度的计算方法。

原同煤集团等针对大同侏罗纪的坚硬顶板与坚硬煤层特殊条件，研究侏罗纪煤层硬煤冒放和顶板控制的理论技术，实现了"两硬"特厚煤层条件下综采放顶煤的安全开采。

应急管理部信息研究院冯宇峰针对提高复杂条件含夹矸特厚煤层综放面顶煤放出率问题，对含夹矸特厚煤层顶煤破碎机理、夹矸层破断的力学机理、含夹矸特厚煤层顶煤冒放规律、深孔预裂爆破弱化技术及综放面生产工艺实测与参数优化等方面进行了深入研究。

澳大利亚科廷大学 Singh R 教授等详细阐述了对印度厚煤层一次采全厚工艺，但是由于煤层和顶板岩层一般硬度比较大，所以大都配合通道爆破来弱化顶煤，以提高开采效果。同时 Unver B 采用 FLAC3D 数值模拟软件，对 Omerler 煤矿的 M3 长壁综放工作面顶煤放出及上覆岩层移动进行了模拟，得出在支承压力峰值范围内，顶煤充分破裂的极限高度。从竖直方向对顶煤进行可放性分区；同时还利用散体试验模拟了顶煤放出过程，分析了顶煤每个层位的位移变化特征，揭示了放煤漏斗和煤岩分界面的大致形态，认为放出体为椭球形态，提出顶煤破裂均匀程度直接关系到顶煤放出的流畅性，采用顶煤预裂爆破技术可以显著提高顶煤放出率。

Simsir F 采用现场数据收集分析和 ARENA 软件模拟的方法，对 8.5 m 厚的煤层采用高位放顶煤时的不同放煤工艺下模拟分析，得出不同放煤方式下，采用两刀一放方式可获得更高的顶煤采出率。提出了可对顶煤采用水力压裂的方法来提高其冒放性、减少顶煤损失和矸石的混入量，同时降低了放煤过程中大块煤体对支架放煤窗口的阻塞概率。

华能扎赉诺尔煤业有限责任公司生产技术部黄好君等采用定向水压致裂对支架上方顶煤进行有效破碎，达到减少大块煤、提高顶煤采出率的效果。并且通过钻孔成像对综放开采工作面倾向不同位置及同一位置支架上方不同层位顶煤的破坏状态及放煤情况开展基础实测，进行归纳分析破碎效果。

综合分析可知，综放开采推进速度快，但是考虑到顶煤破碎主要靠矿山压力的作用对顶煤进行破碎，特别对于坚硬特厚煤层顶煤不能及时垮落且破碎块度大的关键技术难题，一些学者曾先后试验过采用顶煤注水和预裂爆破的方法来解决坚硬顶煤垮落和破碎难的问题，从而达到顶煤弱化的目的。

1.2.3 综合机械化放顶煤小煤柱留设技术研究现状

沿空掘巷合理位置的选择决定着沿空掘巷能否成功应用，若留设的煤柱过大则起不到提高煤炭资源的作用，还会使巷道处于高应力区；若留设的煤柱过小，煤柱较为破碎不利于巷道的维护，尤其是综放工作面还可能导致两个工作面之间导通，造成水患、煤炭自然发火、瓦斯积聚等危害，不利于工作面的安全。因此，沿空掘巷合理位置的选择一直是学者们研究的重点。目前，统一的意见是将巷道布置在应力降低区内，巷道一般采用高强锚杆、锚索组合支护。国外很少采用沿空掘巷或者沿空留巷技术，一般采用多煤柱多巷道开采煤层，煤柱尺寸的确定主要根据围岩所处的应力状态。

中国矿业大学李学华等通过分析基本顶、直接顶岩层垮落特点及煤体变形特点和侧向支承压力分布规律，沿空掘巷巷道布置在侧向基本顶断裂线以内，可以保持稳定，小煤柱尺寸确定为3~5 m。山东科技大学吴士良等通过现场实测掌握了侧向支承压力的分布规律，利用数值模拟分析得到：当煤柱尺寸小于2.5 m时，煤柱内核便不再存在，确定综采面小煤柱尺寸为3 m。安徽理工大学余忠林等利用数值模拟分析了大采高不同尺寸煤柱应力场、位移场的分布，得到煤柱内塑性区呈倒斜梯分布，煤柱的尺寸应避开塑性破坏区，小煤柱尺寸为5~6 m。董乾等通过数值模拟分析了800 m深孤岛工作面沿空掘巷巷道围岩的稳定性，通过理论分析和数值模拟塑性区分布，确定煤柱尺寸8 m。重庆煤科院韩承强模拟得到了煤柱的破坏情况受煤柱宽度影响较大，还得到本工作面超前支承压力对小煤柱塑性区的影响，当煤柱的尺寸小于6 m、超前工作面为4 m时，煤柱已进入塑性破坏，不利于超前巷道的稳定。陈祥等通过理论分析计算塑性区分布，模拟巷道顶底板移近量和两帮移近量，得到煤柱尺寸为4~5 m。华北科技学院张科学等针对深部煤层群开采过程的沿空掘巷尺寸问题，从侧向支承压力分布、煤柱应力分布、巷道变形及其围岩应力分布等方面确定煤柱尺寸为 6 m。张高等通过模拟分析了宽煤柱时巷道变形机理、不同煤柱尺寸时垂直应力分布以及煤柱内塑性区分布，得到不同塑性煤柱尺寸时巷道顶板、底板、两帮的变形特征，确定沿空掘巷煤柱尺寸为 8 m。伊泰集团郭章等通过理论分析研究了硬岩层下沿空掘巷煤柱的尺寸问题，得到硬岩层的破断特征及对沿空掘巷的影响，并分析了巷道的变形特征，确定煤柱尺寸为 1.8 m。山东科技大学石永奎等以传递岩梁为理论基础，将巷道布置在内应力场内，依据地质条件确定内应力场范围之后，考虑巷道的尺寸和用途，确定沿空掘巷小煤柱的尺寸为 5 m。李磊等以砌体梁理论为基础，建立了沿空掘巷的力学模型，并且推导出内应力场的力学表达式，确定小煤柱尺寸为 5 m。

西安科技大学王红胜等以砌体梁理论为基础分析了基本顶断裂 3 种断裂形式，即基本顶断裂在巷道的正上方、断裂在巷道的内侧、断裂在巷道的外侧 3 种形式，其中断裂在巷道的外侧是对巷道的稳定性最为有利，并分别给出了煤柱的宽度。王德超等提出了新型的侧向支承压力监测方法，仍然是通过对侧向支承压力的分布、塑性区的分布确定小煤柱尺寸为 5 m。徐兴亮等研究分析了煤柱的尺寸对上覆基本顶断裂及结构的影响，小煤柱时基本顶破断后岩块铰接回转，岩块的长度随煤柱尺寸的增大而增长。中煤科工南京设计院赵云虎研究了大采高综放面沿空掘巷小煤柱尺寸的问题，以砌体梁理论为基础，通过理论计算得出煤柱尺寸为 9.45 m，且煤柱中部出现 1.5~2.0 m 的内核，据此确定 12 m 特厚煤层煤柱的尺寸为 9.5 m。周安等为了防止工作面回采过程中煤与瓦斯突出事故的发生，将回采巷道布置在应力降低区内，通过数值模拟得到了侧向支承压力分布的情况，确定煤柱的尺寸为 1.0~2.5 m，并分析了瓦斯涌出的情况。大连大学彭林军等以传递岩梁为理论基础，分析特厚煤层内应力场的分布特征，通过对煤柱的应力、应变和位移的对比分析，确定 10 m 特厚煤层煤柱的尺寸为 5 m。

综合近 40 年来放顶煤采煤方法的应用效果，采出率低一直是长期未能得到有效解决的主要问题，而官板乌素煤矿 6 号煤层厚度较大，平均达到 12.5 m，从实际开采情况来看，工作面推进 100 m，回采煤量为 1.7×10^5 t，顶煤采出率仅为 37.9%；另外，工作面间留设 20~25 m 的煤柱，造成了采区采出率进一步降低。

从现场数据及井下实测来看，煤质较硬与顶煤厚度大是工作面采出率低的主要客观因素，因此，需要在采场矿山压力研究的基础上，对放顶煤回采工艺展开深入研究；同时，井下发现在留设 20 m 左右煤柱的前提下，巷道基本未出现明显变形，也即表明现有煤柱留设尺寸较大，且巷道支护经济有望进一步优化，主要围绕放顶煤回采工艺和煤柱留设尺寸优化两个方面开展研究。

1.3 研究方法和内容

研究采用现场实测、理论分析、数值模拟及现场实践的一体化方法，对官板乌素煤矿坚硬特厚煤层综放工作面覆岩运移及顶板矿压分布规律、煤柱尺寸优化、放顶煤回采工艺优化、坚硬顶煤弱化技术展开研究探索，具体研究内容如下：

（1）坚硬特厚煤层综放采煤工作面沟壑地表沉降规律研究。对官板乌素煤矿特厚煤层综放 611 采煤工作面地表沉陷变形演化规律进行研究分析，在 611 工作面地表布置观测站，定期对各测点进行观测，由各监测点数据，从各监测点下沉、倾斜、曲率、水平移动和水平变形等方面研究特厚煤层综放采煤工作面沉陷特征，定量描述地表沉陷的静态参数和动态参数，揭示坚硬特厚煤层综放采煤工作面沟壑地表沉降规律。

（2）坚硬特厚煤层综放采煤工作面覆岩运移规律研究。基于官板乌素煤矿特厚煤层综放开采工作面地表沉陷特征及规律，进而研究采场覆岩移动特征及其破坏高度，利用理论分析、数值模拟等方法对坚硬特厚煤层综放工作面覆岩的力学传递特征及运动规律进行分析研究，得出该条件下"三带"发育高度，根据地表沉降规律进行修正。

（3）坚硬特厚煤层综放工作面沿空掘巷位置选择及围岩稳定性研究。结合坚硬特厚煤层覆岩运移规律及顶板应力分布特征，通过理论分析和数值模拟的方法研究分析特厚煤层综放工作面侧向和超前支承压力分布特征，确定沿空巷道的合理位置，并对特厚煤层开采沿空掘巷留设窄煤柱及巷道围岩稳定性展开研究，保证了工作面安全高效开采。

（4）坚硬特厚煤层综放工作面安全高效回采工艺优化设计研究。根据现场调研官板乌素煤矿6号煤层赋存条件、巷道布置方式、开采条件等综合情况，运用理论分析、方案比对、模糊综合、经济效益比对相结合的方法对6号坚硬特厚煤层综放开采工艺、人员组织的合理性及可行性进行研究，综合考虑各回采工艺参数对顶煤冒放性影响，利用正交试验高效设计组合方案进行数值模拟，选出最优方案、得出最合理的工艺参数组合及精确的范围值。

（5）坚硬特厚煤层综放工作面顶煤钻孔弱化技术研究。制订官板乌素煤矿坚硬特厚煤层大直径钻孔顶煤弱化方案，对顶煤预裂钻孔建立力学模型，对其应力及塑性区进行计算分析，研究钻孔孔径、煤体垂直应力、水平应力、内聚力、内摩擦角以及回采过程对顶煤钻孔弱化效果的影响；利用数值模拟软件结合工作面开采过程对不同钻孔孔径、钻孔长度和钻孔间距条件下钻孔预裂效果进行分析，最终确定钻孔参数。

1.4 技术路线

研究以提高坚硬特厚煤层机械化综放工作面采出率为核心，主要技术路线如图1-1所示。

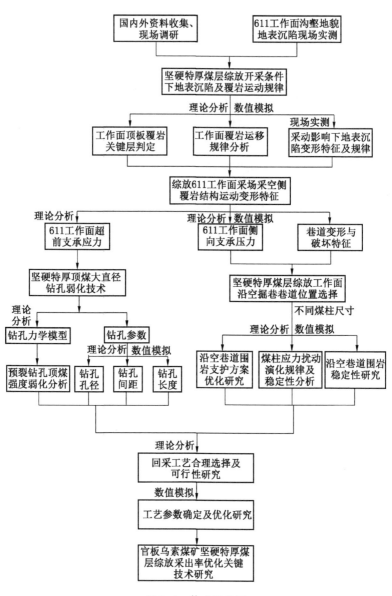

图 1-1 技术路线图

2 坚硬特厚煤层综放工作面矿山压力显现规律实测研究

地下煤层开采活动打破采场周围岩体原岩应力平衡状态，会引起上覆岩层发生破断运动，由下向上发展至地表时引起地表移动与变形，易造成地表建（构）筑物等设施发生损坏。现场实践调研表明，特厚煤层综放开采相比于常规分层综采工作面开采矿压显现更加强烈，常表现出动载明显、煤壁片帮、架前漏顶、端面漏冒甚至压架等异常现象。同时由于采场一次采出空间的增大，导致顶煤采出后需要更多的岩层来充填采空区，造成采场上覆岩层活动剧烈，传递至地表可发生严重的非连续性破坏。本章以内蒙古官板乌素煤矿 611 综放工作面为工程背景展开以下相关研究：①针对 611 工作面的液压支架工作阻力进行现场实测和分析，总结特厚煤层综放开采工作面矿压显现规律的特殊性。②通过在 611 工作面上方地表布置观测站进行观测，总结得到特厚煤层综放开采地表移动变形规律。

2.1 官板乌素煤矿及 6 号煤层概况

2.1.1 煤矿概况

内蒙古准格尔旗特弘煤炭有限责任公司官板乌素煤矿位于准格尔煤田北部、准格尔旗薛家湾镇东 1 km 处，其交通位置如图 2-1 所示。井田地表因水流的向源冲蚀作用形成树枝状冲沟，沟谷纵横。地表为固结黄土与风积沙，区域海拔标高在 +870 ~ +1366 m 之间，高差 496 m。井田为不规则多边形，东西宽 1.38 km，南北长 2.55 km，面积 3.5 km²。煤层赋存从上到下依

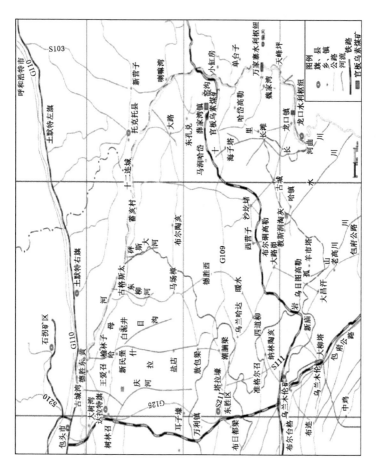

图2-1 官板乌素煤矿交通位置图

次为：3 号、5 号、$6^{上-1}$ 号、$6^{上-2}$ 号、6^{-1} 号、6 号、$9^{上}$ 号、9 号、10 号煤层，其中 6^{-1} 号和 6 号煤层为全区可采煤层。矿井采用斜、立井混合开拓方式，建有主斜井、副斜井和回风立井 3 条井筒。设置一个开采水平，水平标高为 +980 m，现开采 6 号煤层，矿井设计生产能力为 2.4 Mt/a。采用走向长壁综合机械化放顶煤采煤法，通风方式采用中央分列式通风。

2.1.2 6 号煤层概况

6 号煤层位于太原组中部，地表为丘陵地形，地面为山坡草地。煤层埋深 218.54 ~ 283.72 m，平均埋深 251.13 m。煤层全区可采，厚度巨大，层位稳定。煤层厚度为 11.5 ~ 13.5 m，平均煤厚 12.5 m，煤层结构复杂，煤层含 4 ~ 12 层夹矸，夹矸岩性主要为泥岩和炭质泥岩，主要由镜煤、暗煤和亮煤组成。煤层倾角 5° ~ 13°。6 号煤层顶底板情况见表 2-1。

表 2-1 6 号煤层顶底板情况

顶底板名称	岩石名称	厚度/m	特　征
基本顶	粗砂岩	9.29	黄色-灰色，以破碎的长石质粗粒砂岩为主，混有碎块灰色泥岩
直接顶	泥岩	1.37	灰色，泥质结构，平坦状断口
直接底	粗砂岩	1.80	白色，石英质粗粒砂岩
基本底	泥岩	1.60	灰色，泥质结构，局部含高岭土土质

6 号煤层相对应的地面无地表水体，其上部 6-1 号煤层采空区内无积水。官板乌素煤矿属低瓦斯矿井，6 号煤层易自然发火。

6 号煤层 611 工作面地表相对位置在废弃砖厂周围，工作面南部为采区皮带下山，其北部为边界隔离煤柱与东辰二号井相邻，西部为 612 工作面，东部为 610 采空区，工作面位置如图 2-2 所示。地面标高为 +1152.3 ~ +1191.0 m，611 工作面标高为 +943.059 ~ +881.403 m。工作面走向长度为 816 m，倾向长度为

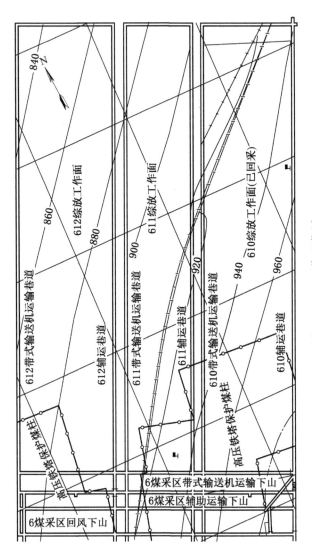

图2-2　611工作面位置

164 m。其相邻的 610 采空区在掘进过程中已探放采空区积水，并已疏放干，对 611 工作面回采无水害威胁。

611 工作面机采高度为 3.5 m，放顶煤最大厚度为 10 m，平均厚度为 9 m，采放比为 1：2.6。放顶煤步距为 0.6 m，采用一刀一放方式，单轮顺序放顶煤，并执行"见矸停放"原则。为了保证两端头顶板的稳定性，机头、机尾各 5 架支架不放顶煤。

6 号煤层 611 工作面采用液压支架支护顶板，共安设 113 架液压支架，其中工作面机头、机尾分别布置 3 架过渡支架，中间布置 107 架支架。乳化液泵出口压力不低于 30 MPa，同时保证支架初撑力不低于 24 MPa。

运输巷采用矩形断面，断面净宽 4.5 m、净高 3.5 m，净断面积为 15.75 m²，支护方式为顶板锚杆每排设置锚网梁支护，顶部加设锚索支护，负责运煤。巷道两帮每排布置 3 根锚杆，顶板每排布置 5 根锚杆。顶板锚索采用五花布置，每隔 2 m 布置 1 排。

辅运巷采用矩形断面，断面净宽 4.5 m、净高 3.5 m，净断面积为 15.75 m²，支护方式为锚网梁支护，顶部加设锚索支护。巷道两帮每排布置 3 根锚杆，顶板每排布置 5 根锚杆，顶板锚索每隔 5 m 布置 1 根。

2.2 工作面矿压显现规律分析

2.2.1 试验的主要内容

为研究特厚煤层综放工作面矿压显现规律，对液压支架工作阻力进行监测和分析。观测工作面基本顶、直接顶初次来压步距，分析工作面支架—围岩作用关系，为合理安排采煤工序，选择采煤参数，支护方式和顶板控制方法等提供科学依据。

2.2.2 实测方法与数据处理依据

2.2.2.1 实测方法

官板乌素煤矿 611 综放工作面共布置 113 架液压支架，自工

17

作面机头方向开始沿工作面按观测内容设置测站，测站的设置以液压支架为标志，沿工作面推进方向设置 5 条观测线，编号为 I ~ V 号，每条测线上选 2 架液压支架作为该测线上的观测站，其对应的液压支架为 5 号和 6 号、30 号和 31 号、55 号和 56 号、80 号和 81 号、105 号和 106 号。在该测站上观测液压支架的工作阻力数据，具体测站位置布设如图 2-3 所示。由于液压支架上带有压力测定和显示装置，所以在开采的不同时间读液压支架上压力表的读数，就可以测出液压支架的初撑力和工作阻力。随着工作面的推进，可测出不同推进距离时工作面上部、上半部、中部、中下部及下部 5 个部位的顶板压力。

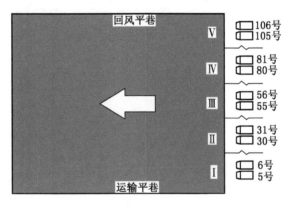

图 2-3　液压支架测站位置布设示意图

采煤机自开切眼开始正常割煤后，要进行跟机移架，当采煤机割完移架后立即对测站液压支架进行读数，则此读数为本循环液压支架初撑力，当采煤机割完此刀煤后，在返回进行割煤前，对测站液压支架压力再读取一次，此压力值是本循环的工作阻力（末阻力）。通过初撑力的观测，可以反映出液压支架性能的好坏、操作工操作质量及泵站压力等指标。通过末阻力跟踪观测，可以及时反映出工作面顶板压力情况。

2.2.2.2 数据处理依据

根据工作面测站实测数据，可得

$$\bar{P}_t = \frac{1}{n} \sum_{n-1}^{n} P_{ti} \qquad (2-1)$$

$$\sigma_p = \sqrt{\frac{1}{n-1} \sum_{i=1}^{n} (P_{ti} - \bar{P}_t)^2} \qquad (2-2)$$

式中　σ_p——循环末阻力平均值的均方差，kN；

　　　$\bar{P}_t$——循环末阻力的平均值，kN；

　　　n——实测循环数；

　　　P_{ti}——各循环的实测循环末阻力，kN。

而基本顶周期来压分析主要指标是以液压支架的平均循环末阻力与其均方差之和来判断顶板周期来压，具体的周期来压判定公式为

$$P = \bar{P}_t + \sigma_p \qquad (2-3)$$

实测中，选取每个测站各一架液压支架进行工作阻力分析，具体的来压判据统计结果见表 2-2。

表 2-2　基本顶周期来压判据统计结果　　kN

测站编号	平均阻力	均方差	来压判据
测站 I	4788	1732	6520
测站 II	4832	1813	6645
测站 III	5304	2243	7547
测站 IV	5274	2057	7331
测站 V	4981	1849	6830

2.2.3　数据处理结果

根据工作面测站的实测数据，可具体分析得到各测站液压支架循环末阻力曲线及其对应的来压判据情况，如图 2-4~图 2-8 所示。

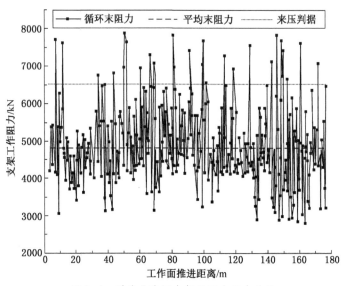

图 2-4　测站Ⅰ液压支架循环末阻力曲线

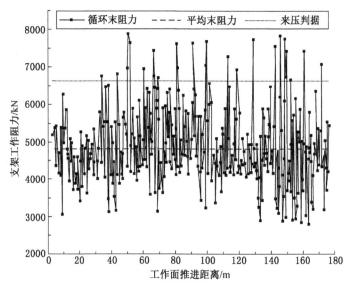

图 2-5　测站Ⅱ液压支架循环末阻力曲线

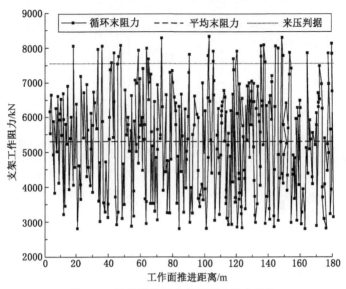

图 2-6 测站 III 液压支架循环末阻力曲线

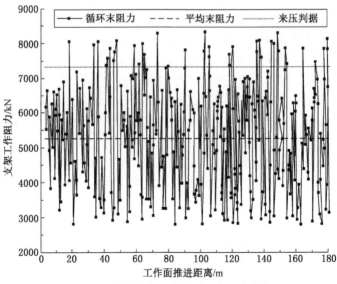

图 2-7 测站 IV 液压支架循环末阻力曲线

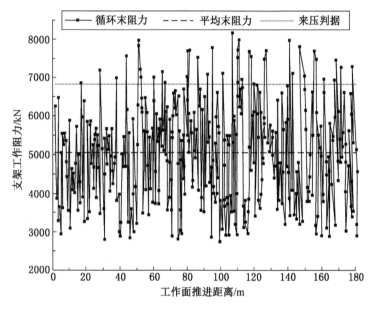

图 2-8　测站 V 液压支架循环末阻力曲线

　　结合图 2-4～图 2-8 各测站液压支架循环末阻力曲线可知，工作面初采期间，即当工作面推进到 48.6～52.8 m 期间，综放工作面大面积来压，且矿压显现强烈。根据来压现象判断此期间为工作面的初次来压，其中工作面测站Ⅲ、Ⅳ液压支架的循环末阻力增大，达到初次来压发生条件，随后工作测站Ⅰ、Ⅱ和Ⅴ循环末阻力增大，达到初次来压的条件。整体可以看出，工作面初次来压非均匀垮落来压，而是先中部，再两边。随着工作面推进距离的增大，综放工作面基本顶初次来压后，正常回采期间随着工作面高强度开采，表现出很强的周期性，监测到每隔 14.4～22 m 液压支架来压一次，所以工作面回采过程中基本顶破断保持一定的周期来压规律性，并且需要保证液压支架初撑力，从而缓解顶板下沉，以保持顶板稳定。足够的初撑力能够增强基本顶破断块体之间的挤压力及摩擦力，缓解或消除直接顶与基本顶、基

22

本顶与基本顶之间的离层量，改善顶板结构。

常规的矿山压力理论主要关注低位基本顶岩层的破断运动对采场矿压显现的影响，而随着对特厚煤层综放开采技术的应用，一次采出的煤层厚度增大，导致覆岩垮落带范围大幅增加，以往能形成铰接结构的基本顶此时已进入垮落带，转为以"悬臂梁"结构形式存在，只有"悬臂梁"结构之上的稳定岩层才能再次形成"悬臂梁"结构。

特厚煤层大空间采场开采条件下采动影响范围可波及距离工作面之上的高位关键层，高位关键层破断前其下部将产生一定离层空间，随着悬顶面积不断增加，使得岩体产生弯曲，内部积累大量的弹性能，同时岩体局部范围的应力不断升高，当岩体内部弯曲拉应力达到其自身抗拉强度时，岩体将产生失稳破断。高位关键层大面积运移、大步距失稳破断的瞬间，岩体内积累的大量弹性势能和重力势能得以释放，转化为动能，动能以做功形式向下部岩体传播，在岩体内部引起扰动。由于特厚煤层综放开采将引起更高、更大范围内的岩层运动参与影响采场矿压，打破工作面周围岩体原岩应力平衡状态，会引起上覆岩层发生破断运动，由下向上发展至地表时引起地表移动与变形，易造成地表建（构）

| (a) | (b) |

图 2-9　地表破坏情况

筑物被损坏，地下水流失等一系列开采沉陷问题。特厚煤层综放开采由于一次采出空间的增大，导致顶部煤体采出后需要垮落更多的岩层来充填采空区，采场上覆岩层活动剧烈，传递至地表造成地表发生严重的非连续性破坏，如图2-9所示。

2.3 工作面地表移动观测

2.3.1 试验的主要内容

在工作面采动过程中，对工作面上方地表布置观测站进行定期、重复测定观测线上各测点在不同时期内空间位置的变化。通过对各监测点数据统计、总结地表下沉规律，并从各监测点下沉、倾斜、曲率、水平移动和水平变形等方面研究特厚煤层综放采煤工作面沉陷特征，定量描述地表沉陷的静态参数和动态参数，总结得到特厚煤层综放开采地表移动变形规律。

2.3.2 实测方法与数据处理依据

2.3.2.1 实测方法

地表移动观测站是为了研究地表移动和变形的规律，在开采影响范围内的地表上所布设的观测站按照观测的时间分为普通观测站和短期观测站，普通观测站观测时间较长（一般一年以上），它是在地表移动的开始到结束的整个过程中定期进行观测，主要是为了研究地表移动和变形的规律；短期观测站是观测时间较短，它是在地表移动过程中的某个阶段进行观测，是在急需开采沉陷资料的情况下才采用，本观测站的布设兼有长期与短期观测的目的。

按布站的形式分为网状观测站和剖面线状观测站。网状观测站是在产状复杂的煤层或在建筑物密集的地区开采时，可考虑多布设一些测点，以组成网格状观测站。网状观测站可以对整个采动影响范围进行观测，所得资料比较全面、准确，但测点数目较多、野外观测和室内成果整理工作量大，且受地形、地物条件的限制。剖面线状观测站是目前各矿区应用较多的一种布站形式，它是在沿移动盆地主断面的方向上，将观测点布设成直线的观测站。有时因条件限制不能布设成直线时，也可布设成具有少量转点的折线形。剖面线状观测站通常由两条互相垂直且相交的观测线组成。

观测站的布设形式：本次采用剖面线状观测站，走向观测线和倾斜观测线互相垂直且相交。在充分采动条件下，通过移动盆地的平底部分都可以设置观测线。在非充分采动的条件下，观测线设在移动盆地的主断面上。观测线的长度应保证两端（半条观测线时为一端）超出采动影响范围，以便建立观测线控制点和测定采动影响边缘。采动影响范围内的测点为工作测点，在采动过程中应保证其与地表一起移动，以反映地表的移动状态。

2.3.2.2 数据处理依据

1. 观测站布设形式

由于 611 工作面埋藏深度浅，采矿活动持续时间长。考虑到地表沉陷观测周期，若地表移动观测站严格按照《煤矿测量规程》中规定进行布设，随着观测工作与回采工作的持续进行，测点会受到接续工作面的采动影响。综合考虑各因素，确定 611 工作面布置剖面线观测站，包括走向观测线 1 条和倾向观测线 2 条，含布设位置、观测线长度和工作点间距。对 611 工作面设计 1 条贯穿走向全长的走向观测线、2 条倾向观测线，基线总长 2420 m、观测点数目 124 个、控制点数目 18 个。

1）走向观测线

走向观测线理论位置应设在移动盆地的走向主断面上，是指经过倾向主断面最大下沉点，沿工作面走向剖面线和地面相交的直线，两端点位置由移动角值确定，如图 2-10a 所示。

其方法是在倾斜主断面上，从采空区中心用最大下沉角 θ = 89.5° 画线与地表交于 O 点，通过 O 点作平行工作面走向的垂直断面，此断面所在的位置就是走向观测线的位置。

O 点距工作面回风平巷的距离为 L_D。

$$L_D = \frac{L}{2} - H_0 \times \cot\theta \qquad (2-4)$$

式中　　L——工作面倾斜宽度，取 164 m；

　　　　H_0——平均采深，取 251 m；

　　　　θ——最大下沉角，89.5°。

由式（2-4）可以求出 L_D 为 79.81 m，即距回风巷一侧 79.81 m。

2）倾向观测线

倾向观测线是指和走向观测线垂直，在走向主断面图上由于 611 工作面推进方向达到充分采动，因此将倾向观测线设在下沉盆地平底部分即可监测整个下沉的全过程，为了在接续工作面开采前尽可能获得较为全面的数据，第一条倾向测站布置距离开切眼可近一些，开切眼一侧的充分采动角取 61°，考虑 20° 的误差，距离开切眼 100 m 处布置第 1 条倾向观测线，在推进方向的中部布置第 2 条倾向观测线，如图 2-10 所示。

3）观测线长度

观测线的长度应保证两端（半条观测线时为一端）超出采动影响范围，以便建立观测线控制点和测定采动影响边界。设置走向观测线的具体做法：自开切眼向工作面推进方向，以角值 $\delta - \Delta\delta$ 画线与基岩和松散层交接面相交，再从交点以角 φ 画线与地表相交于 C、D 两点，两点之外便是不受邻区开采影响的点。在 CD 方向上设置走向观测线。要求走向观测线和倾斜观测线垂直、相交，L_{CD} 便是走向观测线的工作长度，如图 2-10a 所示。走向观测线长度 CD 的计算：

$$\begin{aligned}
L_{CD} &= 2(H_0 - h)\cot(\delta - \Delta\delta) + L + 2h\cot\varphi \\
&= 2(251 - 20)\cot45° + 724 + 40\cot45° \\
&= 1224(\text{m})
\end{aligned}$$

式中　　h——表土层厚度，取 20 m。

倾斜观测的长度是在移动盆地主断面上确定的，具体办法是：

26

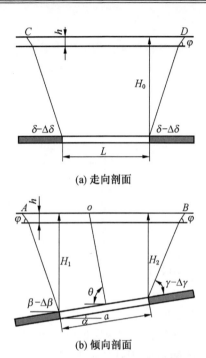

(a) 走向剖面

(b) 倾向剖面

图 2-10 地表走向、倾向观测线布置

自采区的上、下边界分别以 $\gamma - \Delta\gamma$、$\beta - \Delta\beta$ 和画线与基岩和松散层交接相交，再从交点以 φ 角画线和地表相交于 A、B 点，L_{AB} 即为倾斜观测线的工作长度，如图 2-10b 所示，AB 段长度的计算：

$$L_{AB} = H_1\cot(\beta - \Delta\beta) + L\cos\alpha + H_2\cot(\gamma - \Delta\gamma) + 2h\cot\varphi$$

$$= H_1\cot(44°) + 164\cos3° + H_2\tan45° + 40\cot45°$$

式中　L——工作面倾斜长度，取 164 m。

$$H_1 = H_0 - \frac{L\sin\alpha}{2} = 398(\text{m})$$

$$H_2 = H_0 + \frac{L\sin\alpha}{2} = 402(\text{m})$$

则 $L_{AB} = 723$ m。

4）测点密度

工作测点应有适当的密度，为了以大致相同的精度求得移动和变形值及其分布规律，一般工作测点采用等间距。观测点密度与开采深度有关系，详见表2-3。

表2-3　地表移动观测站观测点间距　　　　　m

开采深度	点间距离	开采深度	点间距离
< 50	5	200~300	20
50~100	10	> 300	25
100~200	15		

由表2-3可知611工作面埋深在251 m时，可确定观测点间距为20 m。

为了能够确保全面研究官板乌素煤矿611工作面开采时地表沿走向和倾向两个方向的移动变形规律，对611工作面布设了地表移动观测站。监测点采用0.5 m长的钢钎。根据矿区地形地貌，结合实际情况，观测线共布设3条，分别为Z观测线（沿走向方向）、E观测线、W观测线。其中Z观测线长度为980 m，测点个数50个，测点编号分别为Z1、Z2…Z50，同时在Z测线的东西端各布设3个控制点，分别为N1、N2、N3和N4、N5、N6；E观测线长度为720 m，测点个数37个，测点编号分别为E1、E2…E34，在E观测线的北端、南端各布设3个控制点，分别为N7、N8、N9和N10、N11、N12；W观测线长度为720 m，测点个数7个，测点编号分别为W1、W2…W37，在E观测线的北端、南端各布设3个控制点，分别为N13、N14、N15和N16、N17、N18。3条观测线累计测点个数124个，观测线长度为2420 m。本书分析以Z观测线观测结果为主，以W线和E线观测结果为辅。地表移动观测站位置如图2-11所示。

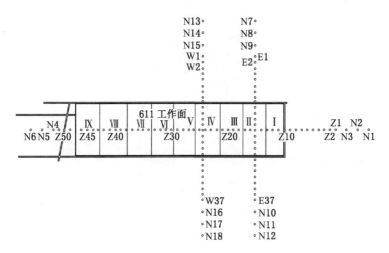

图 2-11　地表移动观测站布置图

2. 控制点及测点布置

2017 年 5 月 19 日，根据设计工作面的坐标确定放样的坐标位置，使用主要设备情况见表 2-4。

表 2-4　主要设备情况

方法	设备	型号	精　　度	
RTK	GPS	南方 S86-2013	平面	$\pm 1\text{cm}+1\times 10^{-6}$
			高程	$\pm 2\text{cm}+1\times 10^{-6}$

测点布置如图 2-12 所示。

3. 地表观测分类

1）连接测量

在布设完成控制点与测点之后，在受到采动影响之前，为了确定观测站与开采工作面之间的相互关系，首先应对观测站的控制点与矿区控制网之间进行测量，以确定这个控制点的平面位置和高程，目的是根据它来测定观测点的平面位置和高程，称之为

29

(a)   (b)

图 2-12　测点布置图

监测站的联测。目的就是把测站和矿区控制网联系起来，以便确定井上下的对应关系。

　　为了准确求得工作面地表所有控制点的平面坐标和高程坐标，在 2017 年 5 月 27 日和 28 日两天对设计布设的控制点 N1、N2、…、N17、N18 与矿上已知坐标的 3 个控制点 CHS2、CHS3、EGO3（表 2-5），进行连接测量（使用的主要设备见表 2-6），最终通过矿上已知的 3 个控制点求得工作面布设的 18 个控制点的坐标（表 2-7），并进行了平差分析。

表 2-5　矿区控制点

点号	X 坐标	Y 坐标	Z 坐标
CHS2	15582. 130	523581. 166	1164. 4664
CHS3	15578. 879	523608. 260	1152. 1073
EGO3	15565. 272	523634. 075	1130. 6673

表2-6 联测的主要设备

设备名称	型号	精 度	
GPS	南方 S86-2013	平面	±2.5 mm+1×10⁻⁶
		高程	±5 mm+1×10⁻⁶

表2-7 布设的控制点坐标

点号	X坐标	Y坐标	Z坐标
N1	15725.022	523988.725	1212.085
N2	15705.643	523978.545	1208.460
N3	15692.577	523970.428	1204.825
N4	14722.358	523531.492	1162.359
N5	14683.246	523496.227	1154.248
N6	14656.194	523464.247	1143.198
N7	15567.457	523521.267	1244.783
N8	15534.692	523496.152	1231.469
N9	15531.094	523461.845	1204.352
N10	15502.469	524334.204	1205.324
N11	15487.668	524308.116	1228.416
N12	15464.279	524273.168	1239.524
N13	15532.685	523647.841	1134.635
N14	15529.761	523630.459	1135.782
N15	15526.872	523607.395	1142.697
N16	15259.763	524108.764	1223.642
N17	15245.127	524114.351	1220.469
N18	15228.684	524117.873	1226.471

2）全面观测

为了准确地确定工作测点在地表移动开始前的空间位置，在联测后、地表受采动影响之前，应独立进行两次全面观测。全面观测现场如图 2-13 所示。

(a)   (b)

图 2-13　全面观测现场

全面观测的内容包括：测定各测点的平面位置和高程、记录地表原有的破坏状况。

在设站地区未受采动影响前，独立进行的两次全面观测，两次测得的同一点高程差不大于 10 mm，同一边的长度不大于 4 mm 时，取平均值作为观测站的原始观测（又称初次观测）数据。同时，按实测数据将各测点展绘到观测站设计平面图上。

为了确定移动稳定后地表各测点的空间位置，需在地表稳定后进行最后一次全面观测（又称末次观测），地表移动稳定的标志是连续 6 个月观测地表各测点的累计下沉值均小于 30 mm。

采动影响前及移动稳定后的初次全面观测和末次观测，应按要求进行：平面坐标测量观测线工作测点的平面位置，从已知坐标的控制点按 5″导线测量的精度（一级导线）要求确定，采用全站仪进行观测。

分别在 2017 年 6 月 25—29 日进行了一次全面观测，采用的主要设备详见表 2-8。

表 2-8　全面观测使用的主要设备

分项	设备名称	精	度
平面观测	索佳 SET 全站仪	测角	$\pm2''$
		测距	$\pm(2\ mm+2\times10^{-6}\times D)$

3）日常测量

所谓日常观测工作，指的是首次和末次全面观测之间适当增加的水准测量工作，为判定地表是否开始移动，在采煤工作面推进一定距离（相当于 $0.2\sim0.5$ 倍平均采深 H_0）后，在预计可能首先移动的地区，选择几个工作测点，每隔几天进行一次水准测量，如果发现测点有下沉的趋势，即说明地表已经开始移动。在移动过程中，要进行日常观测工作，即重复进行水准测量。重复水准测量的时间间隔，视地表下沉的速度而定，一般是 $1\sim2$ 个月观测一次。在移动的活跃阶段，还应在下沉较大的区段，增加水准观测次数。

采动过程中的水准测量，可用单程的附合水准或水准支线的往返测量，施测按四等水准测量的精度要求进行。在采动过程中，不仅要及时记录和描述地表出现的裂缝、塌陷的形态和时间，还要记载每次观测的相应工作面位置、实际采出厚度、工作面推进速度、顶板垮落情况、煤层产状、地质构造、水文条件等有关情况。测量时间与工作面对应情况见表 2-9。

表 2-9　测量时间与工作面对应情况

日期	2017-06-25	2017-08-04	2017-09-10
工作内容	联测	日常观测Ⅰ	日常观测Ⅱ
工作面	开切眼	100 m	180 m

表2-9(续)

日期	2017-10-18	2017-11-23	2018-01-08
工作内容	日常观测Ⅲ	日常观测Ⅳ	日常观测Ⅴ
工作面	260 m	340 m	440 m
日期	2018-03-20	2018-05-06	2018-06-21
工作内容	日常观测Ⅵ	日常观测Ⅶ	日常观测Ⅷ
工作面	540 m	640 m	740 m

2.3.3 数据处理结果

2.3.3.1 地表移动变形曲线分析

对观测数据进行整理分析,在地表下沉趋于稳定后,选取有代表性的地表下沉曲线,得到采动过程中沿走向方向的地表下沉曲线如图2-14所示,图中横坐标用地表走向测点与611工作面

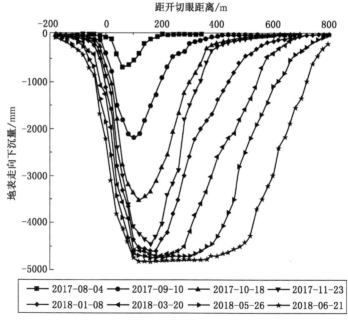

图2-14 采动过程中沿走向方向的地表下沉曲线

开切眼的距离表示。结合图分析可知，随着工作面继续向前推进，沿走向方向地表下沉量逐渐增大，至最终地表下沉趋于稳定后，最大下沉量可达 4876 mm。

根据地表走向观测线的实测数据，求取倾斜、曲率、水平移动与水平变形值，据此绘制实测的地表移动、变形分布曲线图（图 2-15~图 2-18）。由移动变形曲线分布图可知，地表下沉趋于稳定后，最大倾斜值为 82 mm/m、最大曲率为 4.36 mm/m²、最大水平移动值为-870.23 mm、最大水平变形值为 64.5 mm/m。

根据地表倾向观线上实测数据，得到采动过程中地表倾向方向的下沉曲线，如图 2-19 所示。在图 2-19 中设 3108 工作面下山实体煤一侧的机头位置为开采边界的零点，横坐标以倾向测点与开采边界的距离表示。由图 2-19 可知，2017 年 11 月 23 日地表倾向方向开始快速下沉，由于 6 号煤层为近水平煤层，在工作面下沉最大点两边呈对称分布，最大下沉量可达 4837 mm。

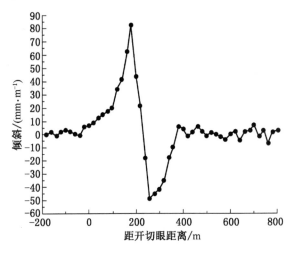

图 2-15　走向观测线倾斜曲线

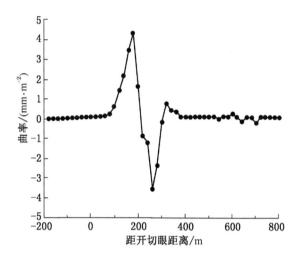

图 2-16　走向观测线曲率曲线

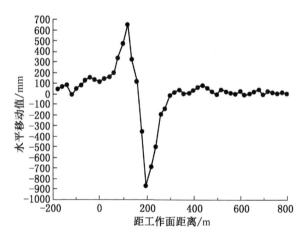

图 2-17　走向观测线水平移动曲线

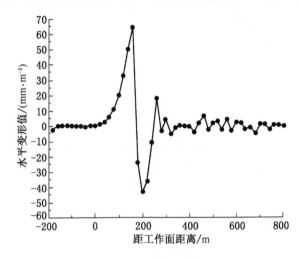

图 2-18　走向观测线水平变形曲线

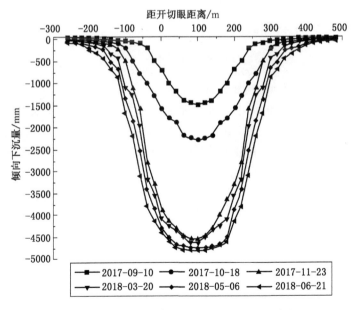

图 2-19　采动过程中地表倾向方向的下沉曲线

2.3.3.2 观测结果分析

1. 起动距

当地下开采达到一定范围后，煤层顶板断裂破坏向上传递，经一定的时间后，覆岩移动开始波及地表，将地表开始移动时工作面的推进距离称为起动距。地表开始移动的标志通常以地表任意点的下沉达到 10 mm 时为准。地表移动起动距可以为确定地面建筑物加固、维修和观测时间提供依据。起动距主要与覆岩岩性和开采深度有关。一般在初次采动时，起动距为 $1/4 \sim 1/2H_0$（H_0 为平均采深）。根据观测线布置实际情况，在 611 工作面中部布置的 Z 观测线可以确定在采动下的起动距为 70 m。

2. 超前影响角

为了掌握工作面推进过程中前方地表开始下沉的位置，确定采动地表动态的影响情况，需要知道开采超前影响角。一般将工作面前方地表开始移动的点与当时工作面的连线和水平线在矿柱一侧的夹角称为超前影响角，计算公式为

$$\omega = \text{arccot}\, \frac{l}{H_0} \qquad (2-5)$$

式中　l——超前影响距，m。

超前影响角的大小与采动程度、工作面开采速度及采动次数有关，超前影响角在工作面开采未达到充分采动时随着开采的进行而增大，当达到充分采动时会趋于一个稳定值。工作面开采的超前影响如图 2-20 所示。

根据 Z 线的观测结果可知，在 Z16 点与 Z18 点之间地表开始移动，此时工作面前方地表移动的平均超前影响距为 26 m，ω 计算如下：

$$\omega = \text{arccot}\, \frac{l}{H_0} = \text{arccot}\, \frac{26}{251} = 84° \qquad (2-6)$$

3. 最大下沉速度滞后角

地表最大下沉一般发生在工作面推过该点以后，通常以最大

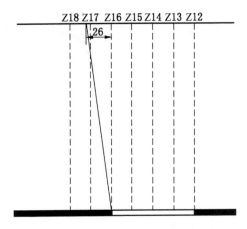

图 2-20 611 工作面开采的超前影响

下沉速度滞后距离 L 及最大下沉速度滞后角来描述，其关系为

$$\varphi = \text{arccot} \frac{L}{H_0} \qquad (2-7)$$

式中　L——最大下沉速度点滞后工作面的距离，m；

　　　H_0——开采区的平均采深，m；

　　　φ——最大下沉速度滞后角，(°)。

根据沿 611 工作面中部布置的 Z 观测线所得结果可知 Z18 点位于最大下沉点，并取 Z18 特征点得到最大下沉速度滞后距约为120 m，即地表移动点超前开采工作面为 $0.478H_0$。2017 年 11 月 23 日，地表观测点最大下沉速度滞后开采工作面关系图如图 2-21 所示。

故最大下沉速度滞后角为

$$\varphi = \text{arccot} \frac{120}{251} = 64.5°$$

掌握了地表最大下沉速度滞后角的变化规律，可以确定在回采过程中对应地表移动剧烈的时间、位置区间。

4. 边界角、移动角、充分采动角

边界角：用来确定下沉影响范围及边界。指在充分采动或接

39

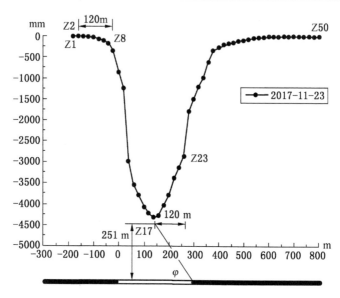

图 2-21　地表观测点最大下沉速度滞后开采工作面关系图

近充分采动的情况下，移动盆地主断面上的盆地边界点和采空区边界点的连线与在采空区外侧水平线的夹角称为边界角。由于官板乌素煤矿煤层近水平，则下山边界角（β_0）、上山边界角（δ_0）、走向边界角（γ_0）可以认为相等。

移动角：指在充分采动或接近充分采动的情况下，移动盆地主断面上的临界变形值的点和采空区边界的连线与水平线之间在煤壁一侧的夹角，下山、上山、走向移动角分别用 β、δ、γ 表示。

1）边界角的确定

从工作面开采实际来看，煤层为近水平煤层，因此只要考虑走向主断面和倾斜主断面的边界角。611 工作面沿倾斜和走向方向推进长度均已达到充分采动。根据走向 Z 观测线动态下沉剖面曲线图（图 2-22），获得从 611 工作面开切眼至地表下沉值等于 10 mm 的点为边界，从图上量取的水平距离为 $L = 120$ m；同样，依据 E 观测线下沉剖面曲线图（图 2-23），可得 611 工作面开切眼距地表沉陷边界的水平距 $L=126$ m。用解析法分别计算基岩和松散层的边界角和移动角。

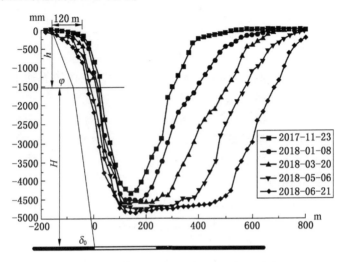

图 2-22 走向 Z 观测线动态下沉部面曲线

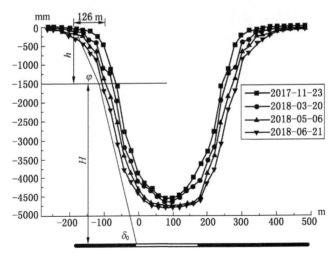

图 2-23 倾向 E 观测线动态下沉部面曲线

（1）松散层边界角（φ）及基岩边界角（δ_0）。将611工作面观测站两条观测线组成两个条件方程得

$$L = h\cot\varphi + H\cot\delta_0 \qquad (2-8)$$

设 $a = \cot\varphi$、$b = \cot\delta_0$，将式（2-8）简化为

$$L = h_a + H_b$$

式中　　L——地表 $w = 10$ mm 位置到煤层采空区边界的水平距离，m；

　　　　h——松散层厚度，m；

　　　　H——基岩厚度，m；

　　a、b——待求系数。

条件方程为

$$\begin{cases} 20a + 231b = 120 \\ 30a + 221b = 126 \end{cases}$$

解得 $\varphi = 48°$、$\delta_0 = 67°$。

（2）将基岩和松散层放在一起，计算在走向方向的综合边界角。根据走向 Z 观测线下沉剖面曲线图 2-22，从图上量取的水平距离为 $L = 120$ m，取平均采深 $H_0 = 251$ m，则依据下式计算得

$$\gamma_0 = \text{arccot}\frac{120}{251} = 60°$$

同样，依据 E 观测线下沉剖面曲线图 2-23，按下沉 10 mm 为下沉边界点，测取 611 工作面开切眼距地表沉陷边界的水平距 $L = 126$ m，按平均采深 $H_0 = 251$ m 计算得

$$\gamma_0 = \text{arccot}\frac{126}{251} = 59.7°$$

综上，由于 6 号煤层属于近水平煤层，通过综合分析可以确定走向和倾向的综合边界角（γ_0）为 59.8°。

2）移动角的确定

移动角采用临界变形条件（$i = 3$ mm/m、$\varepsilon = 2$ mm/m、$K = 0.2 \times 10^{-3}$/m）求取移动角。根据地表 Z 观测线的倾斜变形、水

平变形和曲率变形剖面曲线确定地表综合移动角，如图 2-24、图 2-25 和图 2-26 所示，详见表 2-10。

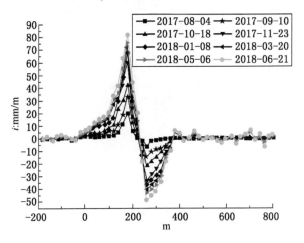

图 2-24 Z 观测线倾斜变形剖面曲线

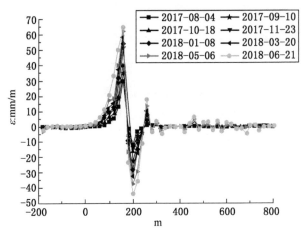

图 2-25 Z 观测线水平变形剖面曲线

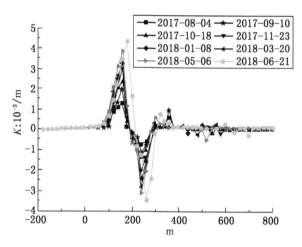

图 2-26　Z 观测线曲率变形剖面曲线

表 2-10　地表走向移动角计算表

临界条件	临界点到采空区的距离/m	平均采深/m	移动角值/(°)
$i = 3$ mm/m	20	251	90
$\varepsilon = 2$ mm/m	140	251	62.5
$K = 0.2 \times 10^{-3}$/m	20	251	90

同样在倾斜方向的 E 观测线根据观测数据（图 2-27、图 2-28）进行计算，得到倾斜方向的移动角，详见表 2-11。

表 2-11　地表倾向移动角计算表

临界条件	临界点到采空区的距离/m	平均采深/m	移动角值/(°)
$i = 3$ mm/m	87	251	72
$\varepsilon = 2$ mm/m	82	251	73
$K = 0.2 \times 10^{-3}$/m	—	251	—

由于各个临界值确定的角值差异较大，综合地表移动角值在

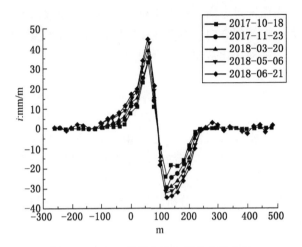

图 2-27 沿 E 观测线地表倾斜变形曲线

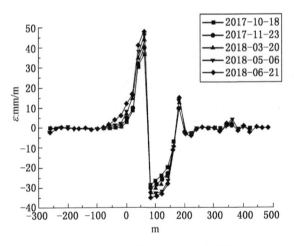

图 2-28 沿 E 观测线地表水平变形曲线

走向方向宜采用 $\delta = 72.5°$；由于煤层为水平煤层，所以无论在倾斜方向还是在走向方向，上下山方向综合移动角均采用 $\gamma = \delta = 72.5°$。

通过上述分析可知，地表的移动变形受地表裂缝的影响较大，在工作面推进方向，由于存在拉伸裂缝，导致该方向的移动角值增大。在倾斜方向，由于存在拉伸裂缝，且上覆松散层厚度比较小，其移动角比常规条件下的角值要大。

3）充分采动角

充分采动下沉盆地主断面上平底的边缘点与开采边界线和矿层间的夹角，用 ψ 表示。由于该煤层近水平最大下沉角无法求取。当 611 工作面开采距离达到 140 m 时开采已经达到充分采动，因此可以根据走向主断面上的 Z 观测线得到充分采动角。根据 Z 观测线结果数据，求得充分采动角约为 77.5°。

对以上实测数据整理分析，可得地表移动盆地的各角量参数见表 2-12。

表 2-12　地表移动盆地的各角量参数　　　　（°）

充分采动角	边界角			移动角		
走向	走向	上山	下山	走向	上山	下山
77.5	59.8	59.8	59.8	72.5	72.5	72.5

结合表 2-12 分析可知，与综采工作面相比，611 工作面的充分采动角、边界角、移动角均较大，说明特厚煤层高强度开采条件下地表下沉盆地更加陡峭，地表变形值更加集中。

依据官板乌素煤矿 611 工作面岩移观测结果，Z 测线最大下沉量为 4876 mm、E 测线最大下沉量为 4837 mm。通过对实测数据的计算分析，得出 611 工作面在采动下的起动距为 70 m、超前影响角为 84°、最大下沉速度滞后角为 64.5°。由于 6 号煤层属于近水平煤层，通过综合分析可以确定走向和倾向的综合边界角为 59.8°、综合移动角为 72.5°、充分采动角约为 77.5°。因此通过对地表移动变形进行现场观测和计算分析，得出特厚煤层综放开采地表变形规律，为研究采场矿压显现与地表变形两者有机结合提供了理论依据。

3 工作面上覆岩层运动规律研究

井工矿井的地下采掘工程活动，会对采场及其周围岩体直至地表产生采动影响。地下会引发巷道变形，上覆岩层断裂等现象；地面会引起地形地貌变化，例如地表沉陷、建（构）筑物开裂倒塌、河流水位下降等损害。这些都严重影响着正常的生产建设和人民的生活质量。为避免和减少矿山开采带来的损害，同时找寻矿井上覆岩层受采动影响导致的地表沉陷规律和控制技术，官板乌素煤矿开展了一系列的实测、试验和研究工作。基于此，本章重点研究在当前的矿井实际生产活动背景下，基于关键层理论分析工作面采动应力影响范围较大的力学根源，确定工作面采动应力对地表沉陷影响范围，从而得出类似地质采矿条件下的采动影响规律和控制措施，达到实现安全采矿、充分利用矿产资源以及保护矿山地下与地面环境的目的。

3.1 覆岩关键层位置及受力分析

3.1.1 关键层判别方法

中国工程院钱鸣高院士提出在采场上覆岩层中，起到关键控制作用的是覆岩中的坚硬岩层，随着工作面回采，上覆岩层产生断裂，其中裂缝带内的坚硬岩层在上方断裂成整齐排列的岩块，断裂的岩块间由于受到水平力的作用而形成稳定的铰接结构，随着工作面的不断推进，铰接结构逐渐下沉而恢复到水平的状态，并随着工作面的回采而呈现一定的周期性规律。

上覆岩层中起到控制作用的坚硬岩层称为关键层，其中一些关键层其控制作用只局限于上方的数层岩层，这样的关键层为亚关键层，而有的关键层对其上方直至地表的所有岩层起控制作用，因此将其称为主关键层。亚关键层往往有多层，而主关键层仅有一层。总的来说，关键层具有以下特征：

（1）几何特征：从其定义即可看出，关键层的厚度一般大于非关键层。

（2）岩性特征：关键层一般均为坚硬岩层，岩石强度较大，弹性模量等其他力学参数也相对较大。

（3）变形特征：关键层及其上覆岩层的变形具有同步的特性，即关键层弯曲下沉时，其控制的岩层也跟着同步发生弯曲下沉。

（4）破断特征：关键层及其控制岩层的破断同样具有同步的特性，关键层破断时，上方大范围内的岩层将同步发生破断。

（5）支承特性：关键层破断前后的支承特性具有很大的差异，一般将破断前的关键层看作板模型或梁模型，而破断后一般将其看作砌体梁模型。

由以上分析并结合实际地质条件，建立相应的力学模型进行计算分析。工作面回采后，直接顶随采随落，而回采距离的增加，将引起上覆关键层的破断，为了研究关键层的运移规律及其对采场围岩压力的影响，首先应判别关键层的位置。由关键层的五大特性进行具体分析，可以得到关键层判别的两个条件：

第一判别条件。根据关键层的变形特性，可以得到如下关键层的变形判别条件为

$$q_{1\,|\,n+1} < q_{1\,|\,n} \qquad\qquad (3-1)$$

式中　$q_{1\,|\,n+1}$——计算到第 $n+1$ 层时，第 1 层岩层所受的载荷，kPa；

　　　$q_{1\,|\,n}$——计算至第 n 层时，第 1 层岩层所受的载荷，kPa。

第一判别条件，关键层的变形判别条件，其实质是通过比较关键层及其控制岩层的挠度关系来确定该岩层是否为关键层。

第二判别条件，根据关键层的破断特性，可以得到关键层的

强度判别条件为

$$l_{n+1} > l_1 \qquad\qquad (3-2)$$

式中　　l_1——第 1 层岩层的破断距，m；

l_{n+1}——第 $n+1$ 层岩层的破断距，m。

由关键层的强度判别条件可以看出，当破断距满足式（3-2）时，第 1 层岩层为亚关键层；如不满足，则需将第 $n+1$ 层岩层及其控制岩层全部作用到第 n 层上，重新进行计算。

3.1.2　611 工作面关键层判别

根据官板乌素煤矿 611 工作面的实际地质条件和工作面附近的钻孔综合柱状图，对上覆岩层关键层的位置进行判别计算。计算参数参考室内物理力学性能测试的结果，计算所使用的各岩层物理力学参数见表 3-1。

表 3-1　各岩层物理力学参数

岩层号	岩性	厚度/m	弹性模量/GPa	体积力/(kN·m⁻³)	抗拉强度/MPa
L-41	红土	20.44	0.5	23	0.35
L-40	泥岩	9.38	7.5	23	0.55
L-39	含砾粗砂岩	11.60	24.0	25	1.30
L-38	砂质泥岩	2.14	15.8	23	0.75
L-37	含砾粗砂岩	17.95	24.0	25	1.30
L-36	泥岩	6.04	7.5	23	0.55
L-35	粗砂岩	2.18	27.0	25	1.60
L-34	泥岩	7.42	7.5	23	0.55
L-33	粗砂岩	5.27	27.0	25	1.60
L-32	泥岩	9.01	7.5	23	0.55
L-31	粗砂岩	4.65	27.0	25	1.60
L-30	泥岩	29.97	7.5	23	0.55
L-29	细砂岩	1.90	38.0	25	1.29

表3-1（续）

岩层号	岩性	厚度/m	弹性模量/GPa	体积力/(kN·m⁻³)	抗拉强度/MPa
L-28	泥岩	7.80	7.5	23	0.61
L-27	细砂岩	12.81	38.0	25	1.55
L-26	含砾粗砂岩	2.60	24.0	25	1.30
L-25	泥岩	5.34	7.5	23	0.55
L-24	细砂岩	13.68	38.0	25	1.55
L-23	砂质泥岩	4.90	15.8	23	0.75
L-22	粗砂岩	4.19	27.0	25	1.60
L-21	3号煤层	2.55	5.3	22	0.50
L-20	砂质泥岩	4.93	15.8	23	0.75
L-19	粗砂岩	1.30	27.0	25	1.60
L-18	砂质泥岩	1.90	15.8	23	0.75
L-17	含砾粗砂岩	2.13	24.0	25	1.30
L-16	泥岩	2.20	7.5	23	0.55
L-15	炭质泥岩	2.00	11.0	23	0.75
L-14	6^{上}-1号煤层	1.40	5.3	22	0.50
L-13	泥岩	2.55	7.5	23	0.55
L-12	粗砂岩	3.48	27.0	25	1.60
L-11	6^{上}-2号煤层	0.35	5.3	22	0.50
L-10	泥岩	1.65	7.5	23	0.55
L-9	粗砂岩	6.85	27.0	25	1.60
L-8	泥岩	2.24	7.5	23	0.55
L-7	粗砂岩	1.63	27.0	25	1.60
L-6	6-1号煤层	3.56	5.3	22	0.50
L-5	泥岩	3.80	7.5	23	0.55
L-4	粗砂岩	5.33	27.0	25	1.60

表3-1(续)

岩层号	岩性	厚度/m	弹性模量/ GPa	体积力/ (kN·m⁻³)	抗拉强度/ MPa
L-3	细砂岩	1.77	38.0	25	1.29
L-2	粗砂岩	9.29	27.0	25	1.60
L-1	泥岩	1.37	7.5	23	0.55
M	6号煤层	12.50	5.3	22	0.50

根据611工作面上覆岩层的实际情况,将煤层上方直接顶当作第1层岩层进行计算,然后逐层进行判别计算,最终确定关键层的位置。

在进行关键层判别时,所使用的载荷计算公式如下:

$$q_{i|n} = \frac{E_i h_i^3 (\gamma_i h_i + \gamma_{i+1} h_{i+1} + \cdots + \gamma_{i+n} h_{i+n})}{E_i h_i^3 + E_{i+1} h_{i+1}^3 + \cdots + E_{i+n} h_{i+n}^3} \quad (3-3)$$

式中　$q_{i|n}$——计算至第 n 层时,第 i 层岩层所受的载荷,kPa;

E_i——第 i 层岩层的弹性模量,GPa;

γ_i——第 i 层岩层的容重,kN/m³;

h_i——第 i 层岩层的厚度,m。

根据式 (3-3),结合611工作面上覆岩层的实际参数,从 L-1 层的砂质泥岩开始,由下至上逐层进行计算。

$$q_1 = \gamma_1 h_1 = 31.51 (kPa)$$

$$q_{1|2} = \frac{E_1 h_1^3 (\gamma_1 h_1 + \gamma_2 h_2)}{E_1 h_1^3 + E_2 h_2^3} = 0.218 (kPa)$$

由于 $q_{1|2} < q_1$,则 L-2 层的粗砂岩为坚硬岩层,现依次计算 L-2 层上覆岩层对其的载荷。

$$q_2 = \gamma_2 h_2 = 213.67 (kPa)$$

其上覆岩层载荷依次计算得:$q_{2|3} = 251.928$ kPa、$q_{2|4} = 324.511$ kPa、$q_{2|5} = 381.381$ kPa、$q_{2|6} = 446.64$ kPa、$q_{2|7} = 475.195$ kPa、$q_{2|8} = 515.501$ kPa、$q_{2|9} = 485.432$ kPa。

由于 $q_{2|9} < q_{2|8}$，则 L-9 层的粗砂岩为坚硬岩层，现依次计算 L-9 层上覆岩层对其载荷。

$$q_9 = \gamma_9 h_9 = 157.55(\text{kPa})$$

其上覆岩层载荷依次计算得：$q_{9|10} = 194.744$ kPa、$q_{9|11} = 202.76$ kPa、$q_{9|12} = 249.856$ kPa、$q_{9|13} = 297.77$ kPa、$q_{9|14} = 325.553$ kPa、$q_{9|15} = 360.919$ kPa、$q_{9|16} = 401.186$ kPa、$q_{9|17} = 431.853$ kPa、$q_{9|18} = 463.338$ kPa、$q_{9|19} = 485.188$ kPa、$q_{9|20} = 432.508$ kPa。

由于 $q_{9|20} < q_{9|19}$，则 L-20 层的砂质泥岩为坚硬岩层，现依次计算 L-20 层上覆岩层对其的载荷。

$$q_{20} = \gamma_{20} h_{20} = 113.39(\text{kPa})$$

其上覆岩层载荷依次计算得：$q_{20|21} = 168.21$ kPa、$q_{20|22} = 129.511$ kPa。

由于 $q_{20|22} < q_{20|21}$，则 L-22 层的粗砂岩为坚硬岩层，现依次计算 L-22 层上覆岩层对其的载荷。

$$q_{22} = \gamma_{22} h_{22} = 104.75(\text{kPa})$$

其上覆岩层载荷依次计算得：$q_{22|23} = 117.386$ kPa、$q_{22|24} = 11.18$ kPa。

由于 $q_{22|24} < q_{22|23}$，则 L-24 层的细砂岩为坚硬岩层，现依次计算 L-24 层上覆岩层对其的载荷。

$$q_{24} = \gamma_{24} h_{24} = 314.64(\text{kPa})$$

其上覆岩层载荷依次计算得：$q_{24|25} = 432.384$ kPa、$q_{24|26} = 489.132$ kPa、$q_{24|27} = 430.913$ kPa。

由于 $q_{24|27} < q_{24|26}$，则 L-27 层的细砂岩为坚硬岩层，现依次计算 L-27 层上覆岩层对其的载荷。

$$q_{27} = \gamma_{27} h_{27} = 294.63(\text{kPa})$$

其上覆岩层载荷依次计算得：$q_{27|28} = 453.81$ kPa、$q_{27|29} = 494.102$ kPa、$q_{27|30} = 337.604$ kPa。

由于 $q_{27|30} < q_{27|28}$，则 L-30 层的泥岩为坚硬岩层，现依次

计算 L-30 层上覆岩层对其的载荷。

$$q_{30} = \gamma_{30}h_{30} = 689.31(\text{kPa})$$

其上覆岩层载荷依次计算得：$q_{30|31} = 785.695$ kPa、$q_{30|32} = 964.321$ kPa、$q_{30|33} = 1061$ kPa、$q_{30|34} = 1205$ kPa、$q_{30|35} = 1250$ kPa、$q_{30|36} = 1368$ kPa、$q_{30|37} = 1070$ kPa。

由于 $q_{30|37} < q_{30|36}$，则 L-37 层的含砾粗砂岩为坚硬岩层，现依次计算 L-37 层上覆岩层对其的载荷。

$$q_{37} = \gamma_{37}h_{37} = 412.85(\text{kPa})$$

其上覆岩层载荷依次计算得：$q_{37|38} = 461.555$ kPa、$q_{37|39} = 573.461$ kPa、$q_{37|40} = 718.01$ kPa。

当计算至 L-40 层的泥岩后，其上方为红土松散层，故不再进行计算。根据上述计算公式可知，L-37 层的含砾粗砂岩、L-30 层的泥岩、L-27 层的细砂岩、L-22 层的粗砂岩、L-20 层的砂质泥岩、L-9 层的粗砂岩、L-2 层的粗砂岩为坚硬岩层，其中 L-2 层的粗砂岩为 6 号煤层基本顶。

3.1.3 坚硬岩层破断距的计算

坚硬岩层要同时满足关键层判别的两大条件才能确定其为关键层，为此，还要对岩层的破断距进行计算。坚硬岩层破断前，可以将其看作两端固支梁模型，根据固支梁破断公式，坚硬岩层的破断距可按下式进行计算：

$$l_i = h_i \sqrt{\frac{2\sigma_{ti}}{q_i}} \qquad (3-4)$$

式中 h_i——坚硬岩层的厚度，m；

σ_{ti}——坚硬岩层的抗拉强度，MPa；

q_i——坚硬岩层上的载荷，kPa。

根据式（3-4）可得，坚硬岩层的抗拉强度参考室内岩石力学试验的结果进行取值，分别计算出 L-9 层、L-20 层、L-22 层、L-27 层、L-30 层、L-37 层坚硬岩层的破断距为

$$l_9 = h_9 \sqrt{\frac{2\sigma_9}{q_9}} = 28.67(\text{m})$$

$$l_{20} = h_{20} \sqrt{\frac{2\sigma_{20}}{q_{20}}} = 17.21(\text{m})$$

$$l_{22} = h_{22} \sqrt{\frac{2\sigma_{22}}{q_{22}}} = 23.13(\text{m})$$

$$l_{27} = h_{27} \sqrt{\frac{2\sigma_{27}}{q_{27}}} = 34.87(\text{m})$$

$$l_{30} = h_{30} \sqrt{\frac{2\sigma_{30}}{q_{30}}} = 36.67(\text{m})$$

$$l_{37} = h_{37} \sqrt{\frac{2\sigma_{37}}{q_{37}}} = 39.73(\text{m})$$

因为 $l_{37} > l_{30} > l_{27} > l_9 > l_{22} > l_{20}$，因此第 37 层岩层含砾粗砂岩为主关键层，其余对应岩层为亚关键层，具体关键层的判别计算结果见表 3-2。

表 3-2　关键层判别计算结果

岩层号	岩性	硬岩位置	关键层位置
L-37	含砾粗砂岩	第 6 层硬岩	主关键层
L-30	泥岩	第 5 层硬岩	亚关键层 5
L-27	细砂岩	第 4 层硬岩	亚关键层 4
L-22	粗砂岩	第 3 层硬岩	亚关键层 3
L-20	砂质泥岩	第 2 层硬岩	亚关键层 2
L-9	粗砂岩	第 1 层硬岩	亚关键层 1

3.2　覆岩破断运移及地表沉陷规律分析

在采场上覆岩层中存在着多层坚硬岩层时，对上覆岩层活动整体或局部起决定作用的岩层称为关键层，前者可称为岩层运动的关键层，后者可称为亚关键层。因此岩层的移动形式、关键层破断状况以及关键层的下沉量都对松散层土体和地表沉陷的形式、大小以及剧烈程度都有着重要的影响。特别对于特厚煤层综放而言，研究官板乌素煤矿611工作面上覆岩层结构动态演化规律，应将关键层周期性失稳破断与工作面矿压显现和地表变形密切结合。

3.2.1 矿压显现与地表张裂关系

据前述章节地表裂缝现场观测，官板乌素煤矿611工作面开采范围内裂缝数量较多、分布集中、裂缝发育明显，且成周期性变化。据统计裂缝之间的平均间距35 m，同时依据工作面矿压观测，当工作面推进到约50 m时工作面发生基本顶初次来压，随工作面向前推进，周期来压的步距范围为14.4~22 m，平均间隔20 m。为分析工作面矿压显现与地表裂缝之间对应的时空关系，从工作面内周期性出现的密集裂缝中选取一条有代表性的台阶裂缝，该裂缝位置距离开切眼257 m，近似呈直线形发育，裂缝的走向与工作面倾向方向夹角为16°左右，具体张裂缝的发育形态和分布位置如图3-1所示。

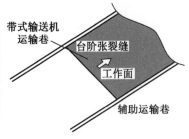

(a) 发育形态　　　　　　(b) 分布位置

图3-1　地表张裂缝的发育形态和分布位置

当611工作面第1次周期来压时，该裂缝开始出现，当开始

第 3 次周期来压（推进约 110 m）时，裂缝发育过程与工作面第
3 次周期来压对应关系分别如图 3-2 和图 3-3 所示。

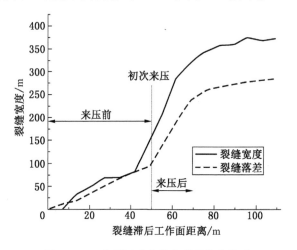

图 3-2　工作面回采和地表裂缝发育关系

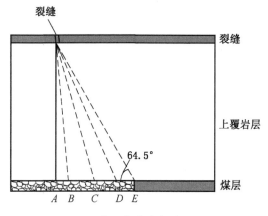

图 3-3　工作面推进地表裂缝平面图

由图 3-2 和图 3-3 可以看出，滞后工作面 7 m（B 点）时地
表开始出现裂缝，裂缝无落差宽度仅为 11 mm。随工作面推进，

裂缝发育缓慢，但裂缝宽度的发育速度略大于裂缝落差；当裂缝滞后于工作面 50 m（C 点）时，工作面发生基本顶初次来压现象；当裂缝滞后于工作面 70 m 范围时，受工作面周期来压的影响裂缝宽度和裂缝落差均迅速增加，同时裂缝落差增加的速度仍大于裂缝宽度增加的速度，此范围裂缝宽度增加至 238 mm、裂缝落差增加至 322 mm；当裂缝滞后于工作面 90 m（D 点）范围时，裂缝宽度和裂缝落差增加缓慢，此时裂缝宽度增加至 271 mm、裂缝高度增加至 360 mm。随着工作面再继续推进，裂缝滞后工作面的距离不断增加，但裂缝宽度和落差的变化均较小；当裂缝滞后工作面 110 m（E 点）时，裂缝发育最终趋于稳定，稳定后裂缝落差为 285 mm、裂缝宽度为 372 mm，此时得到的下沉滞后角为 64.5°。

由于 611 工作面开采范围内地表以约 20 m 的循环出现非连续性变形（如裂缝或者台阶状裂缝），同时工作面以 14.4 ~ 22 m 的周期来压步距与地表张裂缝相对应。在每个周期贯穿裂缝都是交错显现，相对应的工作面每次周期来压的位置，将地表周期裂缝与工作面周期来压连接起来，得到的 611 工作面特厚煤层综放工作面周期来压与地表裂缝相对应关系，如图 3-4 所示。

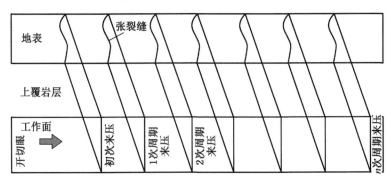

图 3-4　工作面周期来压和地表沉陷关系

3.2.2　上覆岩层移动形式

根据现场研究表明，在采空区上覆岩层移动的整个过程中，存在岩层的垮落、岩层的断裂、岩层的弯曲 3 种岩层移动形式。具体分析如下：

（1）当煤层采出后，顶板产生拉伸变形，当变形超过岩石的允许抗拉强度时，岩层破碎成大小不一的岩块，无规律地充填采空区。在采厚较大，而基岩较薄的情况下，基岩全部垮落，完全失去对上覆土体的支承，破碎的岩石以块状结构充填采空区。

（2）在破裂区上部岩层关键层能够支承上覆应力，但产生的弯曲变形、岩层可能存在数量不多的微小裂缝，基本上保持连续性和层状结构，根据采空区尺寸的不同，可以看成弹性简支梁或板的弯曲（图 3-5a）。

（3）当垮落岩层上部的岩体虽然不足以支承上覆应力，且岩梁产生裂缝或者断裂，但仍然保持原有的层状结构，具有一定承载能力，可看成砌体梁的弯曲（图 3-5b）。

根据官板乌素煤矿特厚煤层的赋存条件，考虑到煤层厚度较大达到 12.5 m，故工作面采出空间较大。同时在前述章节地表实测中，随着 611 工作面的回采推进，其上方对应地表产生非连

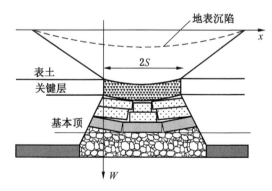

(a) 关键层弹性地基梁

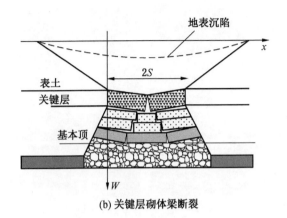

(b) 关键层砌体梁断裂

图 3-5 关键层运动力学模型

续性变形，从而可知主关键层（含砾粗砂岩）产生裂缝或者断裂，形成砌体梁的弯曲结构。

3.2.3 关键层断裂模型的建立

考虑到官板乌素煤矿 611 综放工作面一次采出煤层厚度达 12.5 m，煤层埋深 250 m 左右，采深与采厚比值约为 20，顶板岩层较坚硬，根据裂缝带发育高度的经验公式，理论计算的裂缝带高度已超过煤层埋深，裂缝带直接发育至地表，上覆岩层中只存在垮落带和裂缝带的"两带"结构，覆岩破坏模式由传统的"三带"结构逐渐向"两带"转变。根据 611 工作面现场观测，工作面上方地表发生严重的非连续性破坏，可呈现张口、台阶式裂缝等特征，如图 3-6 所示。

随着工作面的回采推进，其上方部分顶板以无规则形式破碎，导致主关键层（含砾粗砂岩）产生裂断以砌体梁形式存在。由钱鸣高院士等提出的砌体梁的"S-R"稳定理论，根据对此岩层结构的分析及地表实测和生产实际情况的反映，此岩层结构分为两种失稳形式：滑落失稳及转动变形失稳。

主关键层破断后的断裂块体若能满足砌体梁的"S-R"稳定

(a) 初始墙面和地面拉裂缝

(b) 地表裂缝增大

(c) 平行工作面走向台阶下沉

(d) 平行与工作面倾向台阶下沉

图 3-6　地表裂缝发育情况

条件，则将在垮落区域上部形成稳定的砌体梁结构。关键层破断后形成的砌体梁结构的位移曲线直接影响着其上覆表土下沉曲线形态特征。许家林教授等就关键层断块长度对其位移曲线形态的影响进行了研究，提出了主关键层砌体梁结构位移曲线的拟合方程：

$$
w_1 = \begin{cases}
\left[m - h(k_\mathrm{p} - 1) \right] \left[1 - \dfrac{1}{1 + \mathrm{e}^{\frac{x - \frac{l}{2}}{a}}} \right], & -1 \leqslant x \leqslant 2l \\[3mm]
m - h(k_\mathrm{p} - 1), & 2l \leqslant x \leqslant 2s - 2l \\[3mm]
\left[m - h(k_\mathrm{p} - 1) \right] \left[1 - \dfrac{1}{1 + \mathrm{e}^{\frac{(2s - x) - \frac{l}{2}}{a}}} \right], & 2s - 2l \leqslant x \leqslant 2s + l
\end{cases}
$$

$$(3 - 5)$$

式中　w_1——砌体梁的位移;

　　　m——开采厚度;

　　　h——关键层到煤层顶板的距离;

　　　k_p——关键层以下岩层的残余碎胀系数;

　　　x——距开采边界的距离(煤体侧为负,采空侧为正);

　　　l——砌体梁块体长度;

　　　S——简支梁半长;

　　　a——与砌体梁块度及煤体刚度有关的系数,一般可取 $0.25l$。

　　工作面对应地表松散层与随机介质模型在下沉移动规律上具有一定相似性,因此将概率积分模型应用于松散层沉陷模型。

　　根据概率积分法的预计模型,工作面上方对应地表覆盖层单元下沉表达式为

$$w(x) = w_0 \int_0^\infty \frac{1}{r} \cdot e^{\frac{-\pi(x-\tau)^2}{r^2}} d\tau \tag{3-6}$$

式中　w_0——最大下沉值。

　　基于主关键层下的岩层为非均匀下沉空间,而概率积分计算是基于均匀开采高度下的计算方法,因此需将计算式中地表下沉值 w_0 替换为 w_1(主关键层岩层下沉量),在运算时代入积分运算中;积分范围模型结合边界为开采造成的基岩下沉空间。考虑到松散层在下沉过程中的回弹,需要对松散层的下沉引入下沉系数 q',其下沉系数表达式为

$$q' = 0.636 + \frac{0.0304 E_p}{E} - \frac{0.0166 \rho H^2}{m E_p} \tag{3-7}$$

式中　E——岩梁的弹性模量;

　　　E_p——覆岩的平均弹性模量;

　　　H——煤层开采深度。

　　通过 3.1 节计算参数进行判别后得到:官板乌素煤矿 611 工作面上覆岩层中第 37 层含砾粗砂岩为主关键层,随着工作面的

推进采宽的增加，使得主关键层以砌体梁的结构形式存在。则地表下沉量为

$$
w(x) = q' \left\{ \begin{array}{l} \left[m - h(k_p - 1) \right] \int_{-l}^{2l} \left(1 - \dfrac{1}{1 + e^{\frac{\tau - \frac{l}{2}}{a}}} \right) \dfrac{1}{r} \cdot e^{\frac{-\pi(x-\tau)^2}{r^2}} \mathrm{d}\tau + \\[3em] \left[m - h(k_p - 1) \right] \int_{2l}^{2s-2l} \dfrac{1}{r} \cdot e^{\frac{-\pi(x-\tau)^2}{r^2}} \mathrm{d}\tau + \\[3em] \left[m - h(k_p - 1) \right] \int_{2s-2l}^{2s+l} \left(1 - \dfrac{1}{1 + e^{\frac{(2s-\tau) - \frac{l}{2}}{a}}} \right) \dfrac{1}{r} \cdot e^{\frac{-\pi(x-\tau)^2}{r^2}} \mathrm{d}\tau \end{array} \right\}
$$

$$(3-8)$$

式中　$w(x)$——地表下沉量；

　　　r——表土松散层影响半径。

由式（3-8）可知，工作面上方对应的地表下沉量与主关键层距煤层顶板的距离 h、煤层开采厚度 m 等有关。当煤层开采厚度 m 增大、关键层距煤层顶板的距离 h 减小时，则对应地表下沉量 $w(x)$ 增大；当煤层开采厚度 m 减小、关键层距煤层顶板的距离 h 增大时，则对应地表下沉量 $w(x)$ 减小。

官板乌素煤矿 611 工作面采用综采放顶煤开采，全部垮落法管理顶板。其工作面走向长 816 m、倾向长 164 m，平均煤层厚度为 12.5 m，煤层倾角平均 4°。关键层以下岩层的残余碎胀系数 k_p 为 1.15，松散层厚度为 43 m；煤层埋藏深度 H 为 251 m；煤层厚度 m 为 12.5 m；基岩边界角 δ_0 为 70°，关键层距煤层顶板的距离 h 为 180 m，关键层岩梁的弹性模量 E 为 24 GPa，关键层的容重 ρ 为 2.5×10^3 kg/m³。根据矿井地表观测站观测地表变形量最大值为 4.876 m，反算得出等效煤层厚度为 6.8 m，而官板乌素煤矿实际煤层厚度为 12.5 m，计算得出工作面采出率为 54.4%。与矿井工作面实际采出率（55.28%）基本一致。

3.2.4 主关键层结构失稳破断规律分析

已知主关键层结构将采场矿压显现与地表变形紧密结合在一起，通过建立力学模型对主关键层结构进行分析，研究主关键层结构的失稳破断规律、断裂后的结构形态以及破断后各块体的稳定性，最终构建特厚煤层综放采场大空间覆岩结构力学模型。

基本顶岩层以"悬臂梁+砌体梁"结构形式发生小结构小周期的失稳破断，而主关键层发生大结构大周期的失稳破断，其中主关键层的一次大周期破断里又包含着基本顶岩层的几个小周期破断，主关键层的大结构大周期破断和基本顶的小结构小周期破断构成了特厚煤层综放采场上覆岩层的活动规律。

已知 611 工作面宽 165 m、基本顶岩层为 9.29 m 厚的粗砂岩，基本顶岩层将首先在四边断裂，贯通后形成"O"形裂缝，随后在板中央又形成"X"形裂缝；结合实测得到的结果，当工作面推进至约 50 m 处时基本顶岩层发生初次断裂，同时又以约 18 m 的步距发生周期性断裂，破断步距远小于工作面倾斜长度，根据薄板破断规律判断基本顶岩层以竖向"O-X"形发生初次破断和周期破断，得到的基本顶岩层破断形式如图 3-7 所示。

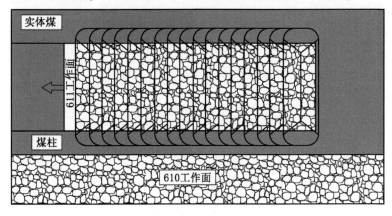

图 3-7　基本顶岩层的竖向"O-X"形破断

考虑到主关键层一次周期破断是在基本顶多次周期破断之后进行，故认为主关键层以横向"O-X"形发生周期破断，其破断结构形态如图3-8所示。

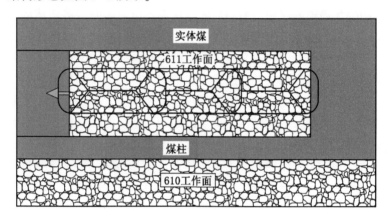

图3-8　主关键层的横向"O-X"形破断

根据基本顶岩层和主关键层结构的破断形式，建立特厚煤层综放采场大空间覆岩结构力学模型，如图3-9所示。由图可知基本顶岩层发生竖向"O-X"形小周期破断形成的"悬臂梁+砌体梁"结构和主关键层发生横向"O-X"形大周期破断共同构成了特厚煤层综放采场大空间覆岩结构特征。

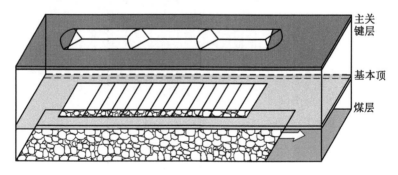

图3-9　611综放工作面覆岩结构力学模型

当工作面推进到一定距离，主关键层下悬空面积不断增大，其内部的应力集中程度与积聚的弹性应变能也不断增大，当达到其失稳破断步距时，结构以横向"O-X"形发生破断，破断失稳时释放的重力势能和弹性应变能转化动能，向四周扩散，能量在岩层内传播过程中易引起岩体的扰动，当能量向下传播至工作面时，易诱发工作面产生强烈矿压显现等动力现象。结构断裂后形成的扇形断块 B 极易发生失稳，诱使采场发生强矿压显现，梯形断块 C 和扇形断块 B 沿工作面走向剖面结构形态力学模型如图3-10 所示。扇形断块 B 在滑落失稳的瞬间，上部由其控制范围内的岩层随之失稳，进而对下方岩层产生巨大的载荷作用，当巨大的载荷作用向下传递到基本顶处时，将使基本顶的悬臂梁结构提前压覆折断，折断破坏后形成的块体在上覆巨大载荷的作用下发生迅速回转，最终作用于工作面液压支架上，引起支架工作阻力瞬间升高，致使采场发生强矿压显现。

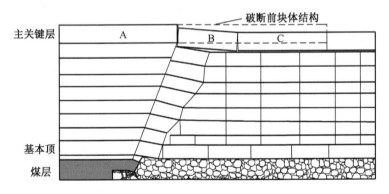

图 3-10 主关键层覆岩运移力学模型

根据以上分析，可知工作面发生强矿压显现的本质原因：主关键层结构以横向"O-X"形发生破断，断裂后形成的扇形断块 B 极易发生失稳，产生的巨大载荷向下传递，引起基本顶结构压覆折断，最终造成工作面支架工作阻力瞬间增大，即高位扇形断块结构+低位悬臂梁结构发生协同回转失稳效应，共同导致特厚煤层综放开采工作面发生动载系数大、来压持续时间长的强矿压显现特征。特别在大采高或放顶煤工作面现场观测中，得出工作面矿压显现明显，支架压架现象较多。

由于主关键层断块结构发生失稳破断是诱发官板乌素煤矿特厚煤层综放工作面发生强矿压显现的本质原因，且断块结构的走向长度越大，块体结构发生滑落失稳的可能性就越大。为减缓工作面强矿压显现，应尽可能减小块体的走向长度 r，以增强断块结构自身的稳定性；抑或在主关键层结构内提前人为构造裂隙面，缩短高位关键层的破断步距，从根本上控制工作面强矿压显现。而在其工作面倾向方向也有此结构，在上覆岩层结构的动静载荷影响下易对巷道和煤柱造成压缩变形。故若煤柱尺寸留设和巷道支护参数不合理，会加重巷道的变形量，从而严重影响矿井正常生产活动。

4 工作面沿空掘巷煤柱尺寸优化研究

根据综放工作面覆岩运移规律，理论分析 611 工作面实体煤侧覆岩运动规律及形成的支承压力分布，分析 611 工作面上覆岩层支承压力分布规律，研究顶煤冒放性在工作面上方的区别，建立采空区实体煤侧力学模型，求解破裂区、塑性区宽度。采用数值模拟确定煤柱最佳留设宽度，并与原支护方案相比较，优化支护参数，计算支护效益。

4.1 特厚煤层综放工作面实体煤侧覆岩运动规律

4.1.1 工作面采空区稳定前实体煤覆岩运动特征

官板乌素煤矿 611 试验工作面上区段为 610 工作面，611 综放面倾向长度为 164 m、煤层平均厚度为 12.5 m，根据 94 钻孔，611 综放面煤层上方 1.37 m 处存在一层厚 9.29 m 的砂岩，煤层上方 71 m 处存在一层厚 13.68 m 的细砂岩，如图 4-1 所示。根

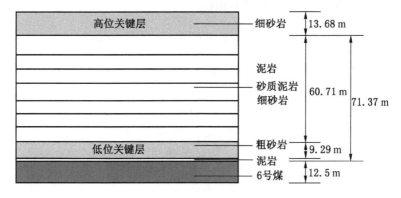

图 4-1　611 综放工作面上覆岩层示意图

据 3.1 节研究内容中关键层的判定，两层均为亚关键层，虽上覆岩层未画出主关键层位置，但不影响对覆岩垮落特征的分析。为方便论述，9.29 m 厚粗砂岩成为低位关键层，13.68 m 厚细砂岩成为高位关键层。

低位关键层在采空区垮落后已与已破断的岩体失去力的联系，不能形成稳定结构，而是以悬臂梁结构存在，高位关键层形成砌体梁结构，如图 4-2 所示。

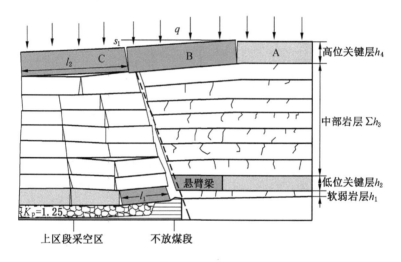

图 4-2　611 综放工作面采空区稳定前端部结构

4.1.2　工作面采空区稳定后端部结构特征

随着时间的推移，覆岩继续下沉直至采空区被压实，地表下沉表现为地表下沉值趋于稳定。根据 611 工作面实际的推进情况，2018 年 6 月 611 工作面已推进至终采线附近，此时工作面距离倾向观测线距离约 70 m，倾向观测线附近地表下沉时间已达到 9 个月，基本处于稳定时期。

随着工作面的推进，覆岩下沉运动继续发展，采空区碎胀系数减小，沿岩层移动角断裂继续发展，三角形断裂发育区向采空区倾斜滑移，形成三角形滑移区（图4-3）。

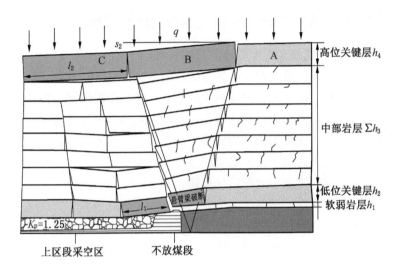

图4-3 611综放工作面采空区稳定后实体煤侧覆岩结构

611工作面采空区稳定后，端部结构可视为已处于稳定状态。在稳定过程中，碎胀系数由1.25变为残余碎胀系数1.1，采空区已垮落岩层被压实，裂缝带和弯曲下沉带内岩层逐步下沉至稳定阶段。采空区中部上方块体C的持续下沉带动B块体进一步回转下沉，使其靠近实体煤侧断裂持续发展，B块体之上荷载也促使其朝采空区回转下沉滑移，促使断裂贯通。

采空区稳定前的砌体梁承载特征与采空区稳定后几乎不发生变化，但在砌体梁B块体回转下沉的同时，促使低位关键层形成的悬臂梁结构破断，并使其下方的岩层与其具有同样的回转下沉趋势，最终形成三角形滑移区，该过程促进拉压裂隙区裂隙的发育。三角形滑移区在采空区侧受已垮落块体的支撑和摩擦阻止作用，在实体煤侧受到支撑作用。该区域的运动使侧向支承压力分布发生变化，稳定后侧向支承压力分布也趋于稳定，其对沿空掘巷位置的确定及巷道支护参数的确定具有重要意义。

4.2 特厚煤层综放工作面支承压力演化规律

4.2.1 采空区稳定前侧向支承压力分布

煤层回采之后，回采上方覆岩垮落形成采空区，破坏了原岩应力的平衡，根据经典矿压理论的研究，在工作面倾向方向应力向采空区两侧实体煤转移，引起采场围岩变形，在此过程中煤柱及下区段工作面受支承压力影响。对于沿空掘巷来说，其掘进时间一般是在上区段采空区稳定后掘进，因此掌握上区段工作面回采过程中侧向支承压力的演化规律、采空区稳定后侧向支承压力的稳定形态对沿空掘巷的位置确定至关重要。

侧向支承压力的演化是由工作面端部结构变化引起的，既采场顶板端部结构的运动规律决定着侧向煤柱及围岩应力的分布规律。在工作面刚推进过后，由于 B 岩块尚未断裂，三角滑移区还未形成，侧向支承压力曲线的分布受悬臂梁控制，其分布如图4-4所示。

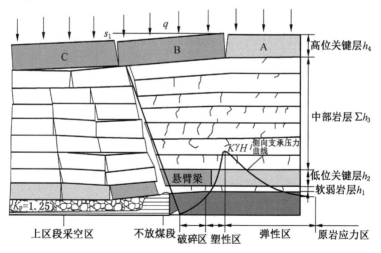

图 4-4 611 综放工作面采空区稳定前侧向支承压力分布

从图4-4中采空区稳定前端部结构来看，侧向支承压力受到低位关键层和高位关键层及其以上岩层运动的影响。从回采巷道实体煤开始往煤柱方向一段距离应力增大至支承压力峰值位置为塑性区，峰值之后为弹性区应力增高区部分，实体煤深部为原岩应力区。

4.2.2 采空区稳定后侧向支承压力分布

经历一定时间之后，端部结构受采空区中部下沉及其自身荷载影响形成三角形滑移区。三角形滑移区运动特征为整体在采空区侧回转下沉，与煤柱上方岩体存在水平力的联系，垂直荷载分解为向采空区的力与下方煤岩体需承担的荷载，使得煤柱上方的应力有所减小，稳定后侧向支承压力分布曲线如图4-5所示。

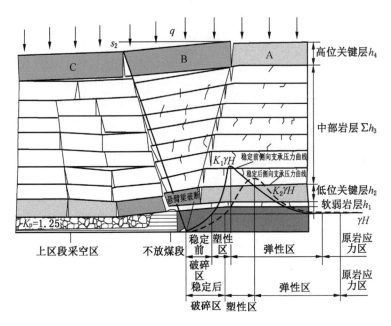

图4-5 611综放工作面采空区稳定后侧向支承压力分布

从图4-5可看出，采空区稳定前后，侧向支承压力峰值有所降低，范围有所增大，范围增大的原因在于经历高值支承压力的影响塑性区的范围增大，致使采空区稳定后侧向支承压力影响范围增大。

由于三角形滑移区的破断运动，其荷载部分转移至采空区，使稳定后侧向支承压力峰值有所降低，但受稳定前侧向支承压力的影响，塑性区范围扩大，使稳定后侧向支承压力范围较稳定前侧向支承压力分布范围大。对三角形滑移区建立如图4-6所示的力学模型。

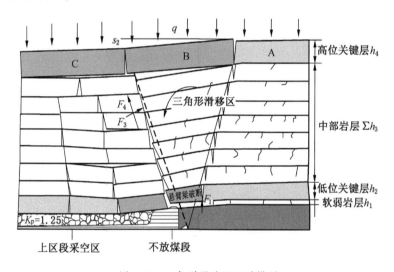

图4-6　三角形滑移区运动模型

三角形滑移区随着采空区的稳定向采空区滑移，其特征为各岩层以破断发育区和裂隙区的边界处（即移动边界线）为铰接点向采空区旋转、滑移，当三角区破断块体与采空区已破断块体接触之后，采空区会对三角区破断区域形成支撑力 F_3 和摩擦力 F_4、采空区对破断块体的支撑力 F_2、悬臂梁破断块体下方岩体对破断岩体有支撑力 F_1。

对于三角区来说，破断前期全部荷载需要侧向煤柱承担，破断后稳定接触以上的块体自身及上覆荷载也不需要完全由其下部岩层承担，即只有一部分荷载传递至下方煤柱。三角区域破断前后作用在煤柱上力的减小是侧向支承压力降低的根本原因。

4.2.3　工作面倾向支承压力分布规律

工作面回采过程中，随着工作面不断推进，上覆岩层中出现范围不同的卸压区和应力集中区。采空区上方出现明显卸压区，在工作面前方和开切眼后方出现明显应力集中区域。随着工作面推进距离的增加应力集中程度不断加大，应力集中区的范围不断扩大并向煤柱深部转移。从基本顶的破断形态（图 4-7）可看出，破断会形成分段来压、波浪式的压力起伏分布特征。这种破断规律造成了中部顶煤压裂充分，破碎效果好，而两端顶煤压裂效果差的三段式分布特征。

图 4-7　沿工作面剖面上基本顶破断形态

官板乌素煤矿 611 工作面机采高度为 3.5 m，放顶煤最大厚度为 10 m，平均厚度为 9 m，采放比为 1：2.57，放顶煤步距为 0.6 m，放顶煤方式：采用一刀一放，单轮顺序放顶煤。为了保证两端头顶板的稳定性，机头、机尾各 5 架支架不放顶煤，工作长度为 164 m。去除工作面两端头不放煤区域，整个工作面放顶煤区域长度为 149 m。根据现场 5 组测力支架观测 611 工作面支架所受顶板压力也呈现三段式分布，工作面中部 84 m 长范围内平均顶板压力为 5430 kN/m，机头部 40 m 范围内仅 4538 kN/m，机尾部 40 m 内仅 4432 kN/m，分别为中部顶板压力的 85% 和

83%，因此两端的冒放性弱于中部。基于此将工作面顶煤冒放区域划分为不放煤区域、低冒放性区域、冒放性较好区域、低冒放性区域、不放煤区域，如图4-8所示。

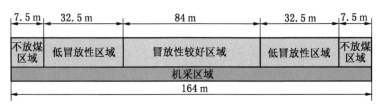

图 4-8　611 工作面顶煤冒放性区域划分

4.3　611 综放工作面稳定后采空区侧向支承压力分布理论分析

根据弹塑性力学理论，结合官板乌素煤矿实际生产条件，推导计算 611 工作面回采后侧向支承压力分布情况、侧向支承压力峰值距离采空区的位置（极限平衡区宽度），为 611 工作面窄煤柱巷道的布置提供理论依据。

4.3.1　煤体的应变软化力学行为

试验证明，加载煤体在屈服变形过程中发生弹塑性软化，其应力应变曲线可简化成如图4-9所示的三折线形式。分析煤体简化的破坏变形过程，可划分为 3 个阶段：峰值前的弹性阶段、峰值后的塑性软化阶段以及塑性流动阶段。

在弹性阶段，煤体强度可表示为

$$\sigma_1 = K_P \sigma_3 + \sigma_c \qquad (4-1)$$

式中　σ_1、σ_3——最大、最小应力，MPa；

K_P——应力系数，且 $K_P = \dfrac{1 + \sin\varphi_m}{1 - \sin\varphi_m}$；

φ_m——煤体内摩擦角，（°）；

σ_c——煤体单轴抗压强度，MPa。

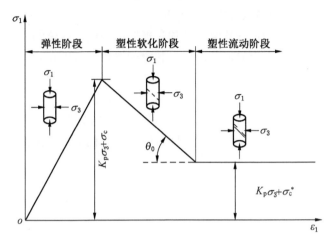

图 4-9 理想弹塑性应变软化模型

在塑性软化阶段，煤体强度可表示为

$$\sigma_1 = K_p\sigma_3 + \sigma_c - M_0\varepsilon_1^P \qquad (4-2)$$

式中 M_0——煤体软化模量，MPa；

ε_1^P——煤柱上主塑性应变。

实测表明煤柱压缩呈线性变化，因而可假设下式成立：

$$\varepsilon_1^P = \frac{S_t}{m}(x_0 - x) \qquad (4-3)$$

式中 S_t——塑性区煤体应变梯度；

x_0——非弹性宽度，m；

x——应变处距煤壁距离，m。

所以，塑性软化阶段煤体轻度也可表示为

$$\sigma_1 = K_p\sigma_3 + \sigma_c - \frac{M_0 S_t}{m}(x_0 - x) \qquad (4-4)$$

在塑性流动阶段，煤体强度可表示为

$$\sigma_1 = K_p\sigma_3 + \sigma_c^* \qquad (4-5)$$

式中 σ_c^*——煤体单轴压缩残余强度，MPa。

4.3.2 巷道侧向极限平衡区宽度

由于煤体的泊松比大于其顶底板的泊松比，煤体的内聚力和内摩擦角大于煤层界面的内聚力和内摩擦角，所以在巷道开挖后煤帮必然从顶底板岩石中挤出，并在煤层界面上伴随有剪应力产生。为了简化计算且基本同实际相符，特做以下假设：

（1）煤柱的变形分区同煤样强度试验的分区相对应，即破碎区对应塑性流动阶段、塑性区对应塑性软化阶段、弹性区对应完全弹性阶段（图4-10）。

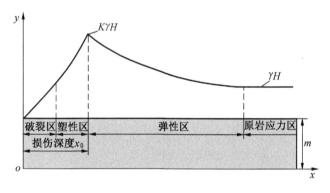

图4-10 巷道煤帮弹塑性区域划分模型

（2）煤层界面是煤体相对顶底板运动的滑移面。滑移面上的正应力 σ_y 与剪应力 τ_{xy} 之间满足应力极限平衡的基本方程：

$$\tau_{xy} = \sigma_y \tan\varphi + c \qquad (4-6)$$

式中　φ——煤层界面的内摩擦角，（°）；

　　　c——内聚力，MPa。

（3）极限平衡区内的单元体处于平衡状态（图4-11），满足平衡方程：

$$m\mathrm{d}\sigma_x - 2\tau_{xy}\mathrm{d}x = 0 \qquad (4-7)$$

式中　m——煤帮高度，m。

（4）在极限平衡区与弹性区交界处，即 $x = x_0$ 时的平衡方

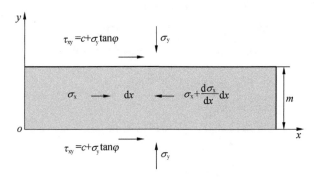

图 4-11 煤帮单元体应力平衡分析

程为

$$\sigma_y \big|_{x=x_0} = P = K\gamma H \qquad (4-8)$$

式中 K——应力集中系数；

γ——覆岩平均容重，kN/m^3；

H——煤巷埋深，m。

（5）由于在实际情况下，煤柱 x 方向一侧采空，使压力释放，从而 σ_y 远大于 σ_x，因而 σ_y 与 σ_1 夹角很小、σ_x 与 σ_3 夹角也很小，可以认为 $\sigma_y = \sigma_1$、$\sigma_x = \sigma_3$ 而不会产生太大偏差。

（6）煤层上下界面、煤柱垂直应力相等，不计煤柱体积力的影响。

1. 破碎区

破碎区煤体从顶底板层间挤出时，应满足下述条件。

煤柱强度条件：

$$\sigma_y = K_P \sigma_x + \sigma_c^* \qquad (4-9)$$

应力平衡方程：

$$\tau_{xy} = \frac{1}{2} m \frac{\partial \sigma_x}{\partial x} \qquad (4-10)$$

煤层界面极限平衡条件：

$$\tau_{xy} = \sigma_y \tan\varphi_r + c_r \qquad (4-11)$$

式中　φ_r——破碎区煤层界面内摩擦角，（°）；

　　　c_r——破碎区煤层界面内聚力，MPa。

联立式（4-9）~式（4-11），求解微分方程可得

$$\sigma_y = B_r e^{\frac{2K_p \tan\varphi_r}{m}x} - c_r \cot\varphi_r \qquad (4-12)$$

式中　B_r——待定常数。

由应力边界条件 $\sigma_x\big|_{x=x_0} = 0$，可解得

$$B_r = \sigma_c^* + c_r \cot\varphi_r \qquad (4-13)$$

故破碎区应力分布为

$$\sigma_y = (\sigma_c^* + c_r \cot\varphi_r) e^{\frac{2K_p \tan\varphi_r}{m}x} - c_r \cot\varphi_r \qquad (4-14)$$

2. 塑性区

塑性区煤体从顶底板层间挤出时，应满足下述条件。

煤柱强度条件：

$$\sigma_y = K_p \sigma_x + \sigma_c - \frac{M_0 S_t}{m}(x_0 - x) \qquad (4-15)$$

应力平衡方程：

$$\tau_{xy} = \frac{1}{2}m\frac{\partial \sigma_x}{\partial x} \qquad (4-16)$$

煤层界面极限平衡条件：

$$\tau_{xy} = \sigma_y \tan\varphi_p + c_p \qquad (4-17)$$

式中　φ_p——塑性区煤层界面内摩擦角，（°）；

　　　c_p——塑性区煤层界面内聚力，MPa。

联立式（4-15）~式（4-17），求解微分方程可得

$$\sigma_y = B_p e^{\frac{2K_p \tan\varphi_p}{m}x} - c_p \cot\varphi_p - \frac{M_0 S_t}{2K_p}\cot\varphi_p \qquad (4-18)$$

式中　B_p——待定常数。

令破碎区宽度为 x_1、塑性区宽度为 x_2，则

$$x_0 = x_1 + x_2 \qquad (4-19)$$

$$\sigma_y \big|_{x=x_0} = P = B_P e^{\frac{2K_P \tan\varphi_P}{m}x} - c_P \cot\varphi_P - \frac{M_0 S_t}{2K_P}\cot\varphi_P \quad (4-20)$$

$$x_2 = \frac{m(\sigma_c - \sigma_c^*)}{M_0 S_t} \quad (4-21)$$

$$B_P = \left[(\sigma_c^* + c_r\cot\varphi_r)e^{\frac{2K_P\tan\varphi_r}{m}x} + c_P\cot\varphi_P - c_r\cot\varphi_r + \frac{M_0 S_t}{2K_P}\cot\varphi_P \right] e^{\frac{2K_P\tan\varphi_P}{m}x_1}$$
$$(4-22)$$

联立式（4-19）~式（4-22），可解得

$$\begin{cases} x_1 = \dfrac{m\cot\varphi}{2K_P}\ln \dfrac{\left(P + c_P\cot\varphi_P + \dfrac{M_0 S_t}{2K_P}\cot\varphi_P\right)e^{\frac{2K_P\tan\varphi_P}{m}x_2} + c_r\cot\varphi_r - c_P\cot\varphi_P - \dfrac{M_0 S_t}{2K_P}\cot\varphi_P}{\sigma_c^* + c_r\cot\varphi_r} \\[4mm] x_2 = \dfrac{m(\sigma_c - \sigma_c^*)}{M_0 S_t} \\[4mm] x_3 = \dfrac{m\cot\varphi}{2K_P}\ln \dfrac{\left(P + c_P\cot\varphi_P + \dfrac{M_0 S_t}{2K_P}\cot\varphi_P\right)e^{\frac{2K_P\tan\varphi_P}{m}x_2} + c_r\cot\varphi_r - c_P\cot\varphi_P - \dfrac{M_0 S_t}{2K_P}\cot\varphi_P}{\sigma_c^* + c_r\cot\varphi_r} + \\[4mm] \qquad \dfrac{m(\sigma_c - \sigma_c^*)}{M_0 S_t} \end{cases}$$

$$(4-23)$$

为了分析考虑煤体破碎应变软化后，破碎区、塑性区及极限平衡区深度，取表4-1中的数值进行计算。

表4-1 巷道围岩极限平衡区算例

因子	m/m	K_P	φ_r/(°)	c_r/MPa	S_t/m	M_0/MPa	K
数值	12.5	2.5	16	0.04	0.2	800	3
因子	γ/(kN·m⁻³)	H/m	φ_P/(°)	c_P/MPa		σ_c/MPa	σ_c^*/MPa
数值	25	250	20	0.1		22	1.8

解得破碎区宽度 $x_1 = 1.58$ m，塑形区宽度 $x_2 = 7.04$ m，围岩损伤深度 $x_0 = 8.62$ m。

4.4 611综放工作面采空区稳定后数值模拟分析

4.4.1 模型建立

根据官板乌素煤矿94钻孔柱状图以及地质报告，得到了煤岩体力学参数，具体见表4-2。

表4-2 官板乌素煤矿岩层物理力学特征表

序号	层厚/ m	累厚/ m	岩性	抗压强度/ MPa	抗拉强度/ MPa	内聚力/ MPa	泊松比	内摩擦角/(°)	密度/ (kg·m⁻³)	弹性模量/ GPa
1	9.38	29.82	泥岩	12.1	0.55	12.77	0.18	30.4	2392	7.5
2	11.60	41.42	含砾粗砂岩	37.5	2.43	19.17	0.17	36.1	2500	24.0
3	2.14	43.56	砂质泥岩	12.2	0.75	12.86	0.18	30.4	2394	15.8
4	17.95	61.51	含砾粗砂岩	37.5	2.43	19.17	0.17	36.1	2500	24.0
5	6.04	67.55	泥岩	12.1	0.55	12.77	0.18	30.4	2392	7.5
6	2.18	69.73	粗砂岩	35.0	1.60	12.87	0.21	30.3	2507	27.0
7	7.42	77.15	泥岩	12.1	0.55	12.77	0.18	30.4	2392	7.5
8	5.27	82.42	粗砂岩	35.0	1.60	12.87	0.21	30.3	2507	27.0
9	9.01	91.43	泥岩	12.1	0.55	12.77	0.18	30.4	2392	7.5
10	4.65	96.08	粗砂岩	35.0	1.60	12.87	0.21	30.3	2507	27.0
11	29.97	126.05	泥岩	12.1	0.55	12.77	0.18	30.4	2392	7.5
12	1.90	127.95	细砂岩	56.8	1.29	24.13	0.19	29.4	2567	38.0
13	7.80	135.75	泥岩	12.1	0.61	12.77	0.18	30.4	2392	7.5
14	12.81	148.56	细砂岩	56.8	1.55	24.13	0.19	29.4	2567	38.0

表4-2(续)

序号	层厚/ m	累厚/ m	岩性	抗压强度/ MPa	抗拉强度/ MPa	内聚力/ MPa	泊松比	内摩擦角/(°)	密度/ (kg·m⁻³)	弹性模量/ GPa
15	2.60	151.16	含砾粗砂岩	37.5	2.43	19.17	0.17	36.1	2500	24.0
16	5.34	156.50	泥岩	12.1	0.55	12.77	0.18	30.4	2392	7.5
17	13.68	170.18	细砂岩	56.8	1.55	24.13	0.19	29.4	2567	38.0
18	4.90	175.08	砂质泥岩	12.2	0.75	12.86	0.18	30.4	2394	15.8
19	4.19	179.27	粗砂岩	35.0	1.60	12.87	0.21	30.3	2507	27.0
20	2.55	181.82	3号煤层	24.6	0.50	5.94	0.27	31.8	1459	5.3
21	4.93	186.75	砂质泥岩	12.6	0.75	12.86	0.18	30.4	2394	15.8
22	1.30	188.05	粗砂岩	35.0	1.60	12.87	0.21	30.3	2507	27.0
23	1.90	189.95	砂质泥岩	12.6	0.75	12.86	0.18	30.4	2394	15.8
24	2.13	192.08	含砾粗砂岩	37.5	2.43	19.17	0.17	36.1	2500	24.0
25	2.20	194.28	泥岩	12.1	0.55	12.77	0.18	30.4	2392	7.5
26	2.00	196.28	炭质泥岩	12.2	0.75	12.86	0.18	30.4	2394	11.0
27	1.40	197.68	6上-1号煤层	24.6	0.50	5.94	0.27	31.8	1459	5.3
28	2.55	200.23	泥岩	12.1	0.55	12.77	0.18	30.4	2392	7.5
29	3.48	203.71	粗砂岩	35.0	1.60	12.87	0.21	30.3	2507	27.0
30	0.35	204.06	6上-2号煤层	24.6	0.50	5.94	0.27	31.8	1459	5.3
31	1.65	205.71	泥岩	12.1	0.55	12.77	0.18	30.4	2392	7.5

表4-2(续)

序号	层厚/ m	累厚/ m	岩性	抗压 强度/ MPa	抗拉 强度/ MPa	内聚力/ MPa	泊松比	内摩擦 角/(°)	密度/ (kg· m⁻³)	弹性 模量/ GPa
32	6.85	212.56	粗砂岩	35.0	1.60	12.87	0.21	30.3	2507	27.0
33	2.24	214.80	泥岩	12.1	0.55	12.77	0.18	30.4	2392	7.5
34	1.63	216.43	粗砂岩	35.0	1.60	12.87	0.21	30.3	2507	27.0
35	3.56	219.99	6-1号 煤层	24.6	0.50	5.94	0.27	31.8	1459	5.3
36	3.80	223.79	泥岩	12.1	0.55	12.77	0.18	30.4	2392	7.5
37	5.33	229.12	粗砂岩	35.0	1.60	12.87	0.21	30.3	2507	27.0
38	1.77	230.89	细砂岩	56.8	1.29	24.13	0.19	29.4	2567	38.0
39	9.29	240.18	粗砂岩	35.0	1.60	12.87	0.21	30.3	2507	27.0
40	1.37	241.55	泥岩	12.1	0.55	12.77	0.18	30.4	2392	7.5
41	12.50	254.05	6号 煤层	24.6	0.50	5.94	0.27	31.8	1459	5.3
42	1.80	255.85	粗砂岩	35.0	1.60	12.87	0.21	30.3	2507	27.0
43	1.60	257.45	泥岩	12.1	0.55	12.77	0.18	30.4	2392	7.5
44	1.70	259.15	粗砂岩	35.0	1.60	12.87	0.21	30.3	2507	27.0
45	3.17	262.32	泥岩	12.1	0.55	12.77	0.18	30.4	2392	7.5

为了模拟611工作面开采后上覆岩层垮落特征及侧向支承压力分布规律,采用3DEC模拟软件进行模拟,如图4-12所示。建立数值模型共分为9层,包含煤层底板24 m、煤层及顶板150 m范围。长度 x 为400 m,高度 y 为180 m。模型边界条件: x 方向两侧位移约束, y 方向底面位移约束,模型上方施加2.5 MPa荷载,以模拟上覆100 m左右的岩层自重压力。

4.4.2 工作面覆岩结构的模拟

611工作面开挖计算稳定后,工作面开挖后覆岩位移场结构特征如图4-13所示。

图 4-12　数值模拟模型

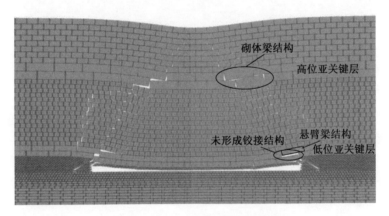

图 4-13　611 工作面覆岩结构特征

从图 4-13 中可以看出，3DEC 软件可以较好地模拟煤层开采后上覆岩层运移情况。煤层上覆岩层可以清楚地区分出垮落带和裂缝带，下部关键层在采空区边缘破断形成悬臂梁结构，上部关键层在采空区边缘形成铰接结构，地表下沉和数值模拟的分析结果一致性说明了覆岩结构分析的正确性。

工作面开挖后上覆岩层位移场分布如图 4-14 所示。在图 4-14 中工作面倾向方向将其分为了垮落区、滑移破坏区和塑性区。从数值模拟得到的覆岩层垮落角为 59°、滑移破坏区的移动角为

72.5°，与地表观测得到的垮落角为60.5°、地表下沉得到的移动角为70°，从数据对比来看相差微小。说明将工作面端部分为滑移破裂区、拉压裂隙区和压裂隙区是正确的。从数值模拟结果来看，压裂隙发育至煤层底板，这与工程实际是吻合的。

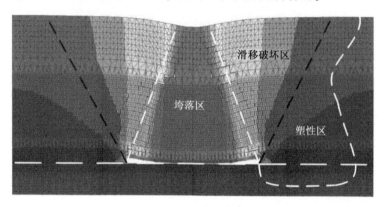

图4-14　上覆岩层位移场分布

4.4.3　侧向支承压力的模拟

图4-15为611工作面开挖后，工作面后方采空区岩体压实稳定后，碎胀系数为1.05~1.10时，侧向支承压力分布规律。

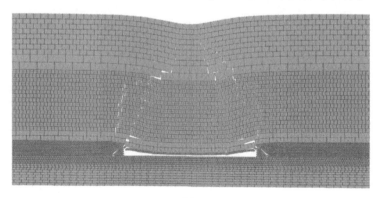

(a)

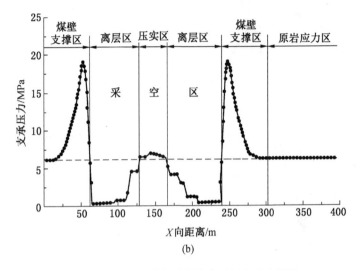

图4-15　采空区稳定后侧向支承压力分布规律

从图4-15中可以看出，煤层上覆岩层可以清楚地区分出垮落带和裂缝带，下部关键层在采空区边缘切落，上部关键层在采空区边缘形成铰接结构，由于端头有5架支架（7.5 m）不放顶煤，顶煤垮落堆积在采空区边缘，支撑着直接顶，从而使基本顶断裂位置偏向采空区，离煤壁有一定距离。从垂直应力分布及岩层运移情况还可以清楚地区分从采空区到未采动煤层的4个区域：压实区、离层区、煤壁支承区和原岩应力区。

工作面开挖稳定后，611综放工作面侧向支承压力分布如图4-16所示。

从图4-16可以看出，当上区段611工作面回采结束至采空区稳定后侧向支承压力分布情况：破碎区为0~1.60 m，支承压力峰值位置距煤壁8.60 m左右处，峰值达到19 MPa，支承压力影响至距煤壁52 m左右。综合来看，根据数值模拟得到结果为1.6 m、理论分析结果为1.58 m，因此，可以认为采空区稳定后破碎区宽度为1.58~1.6 m。

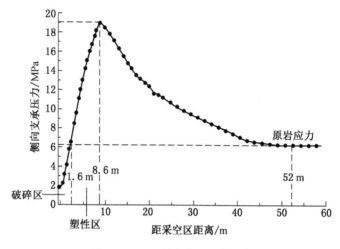

图 4-16 611 侧向支承压力分布

4.4.4 沿空掘巷位置

采空区稳定后合理沿空掘巷布置位置模型如图 4-17 所示，以高位关键层 A 与 B 破断处垂直往下交于支承压力曲线的点大致在应力降低区边界点附近，原因在于 B 块及其以上的荷载不需要完全由其下方岩层承担，将巷道布置在图 4-17 所示的该应力降低区范围内，以减小侧向支承压力对巷道稳定性的影响。

在采空区稳定后，破碎区范围有所增大，根据前述模拟结果和数值计算，塑性区范围为 1.58～8.62 m，考虑巷道宽度为 4.5 m，且为满足瓦斯、水、火等灾害的防治以及避免巷道布置在应力峰值下，因此煤柱的留设尺寸范围可选为 2～3.5 m。

4.4.5 合理煤柱宽度的确定

根据前述分析，为选择合理的煤柱宽度，拟采用 2 m、2.5 m、3 m 和 3.5 m 宽的小煤柱，采用 FLAC3D 数值模拟的方法，考查不同小煤柱宽度时煤柱支承压力分布、水平位移及垂直位移，以确定合理的煤柱宽度。整个模型尺寸（长×宽×高）确定为 450 m× 40 m×140 m，模型上部边界施加的载荷按采深 160 m 计算约为

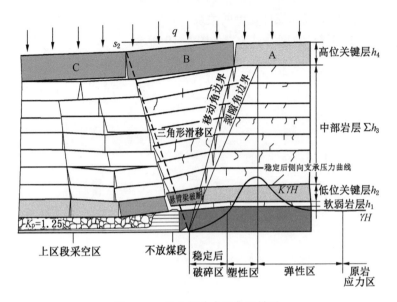

图 4-17 沿空掘巷布置位置模型

4 MPa，底边界垂直方向固定、左右边界水平方向固定（图 4-18），采用摩尔-库仑屈服准则，煤岩物理力学参数见表4-2。

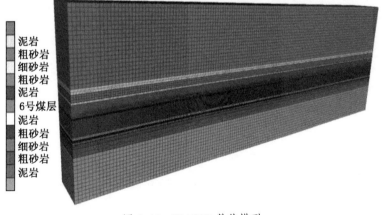

图 4-18 FLAC3D 数值模型

1. 应力场与煤柱宽度的关系

不同煤柱宽度垂直应力如图 4-19 所示。

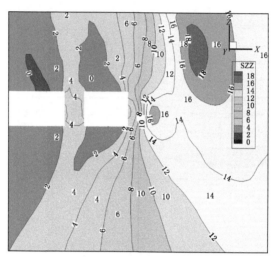

(a) 2.0 m

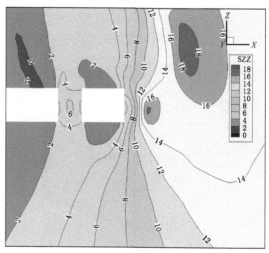

(b) 2.5 m

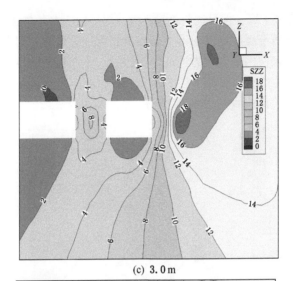

(c) 3.0 m

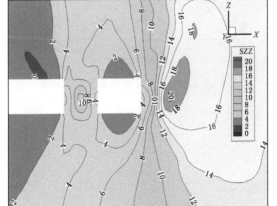

(d) 3.5 m

图 4-19 不同煤柱宽度垂直应力图

由图 4-19 可知，采用不同宽度煤柱沿空掘巷围岩垂直应力分布有显著差异，巷道顶底板垂直应力降低较大，靠近实体煤方向存在应力集中区，但是这些差异不大，煤柱内应力存在显著差异。

为分析窄煤柱宽度对沿空掘巷围岩稳定的影响，对巷道中间高度位置煤柱内垂直应力进行分析比较。不同煤柱宽度对应的煤柱内垂直应力分布如图4-20所示，煤柱内应力峰值与沿空掘巷煤柱宽度关系曲线如图4-21所示。

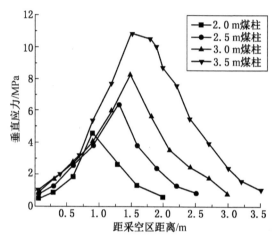

图4-20 不同宽度煤柱内垂直应力分布

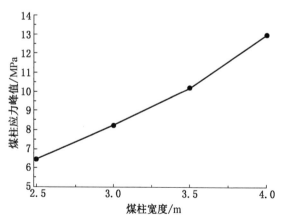

图4-21 煤柱内应力峰值与沿空掘巷煤柱宽度关系曲线

由图 4-19~图 4-21 分析可知，沿空掘巷不同煤柱宽度的煤柱内应力分布有如下特征：

1) 不同宽度煤柱垂直应力变化规律

煤柱宽度由 2 m 增大到 3.5 m 时，窄煤柱内垂直应力分布峰值或近峰值区域范围逐渐增大，垂直应力分布曲线形状由三角形逐渐向梯形过渡。煤柱宽度为 2~3 m 时，垂直应力分布近似等腰三角形，煤柱应力峰值区（以应力峰值的 0.8 倍计算）相对煤柱宽度较大，应力峰值逐渐增大，且均大于原岩应力；煤柱宽度为 3.5 m 时，垂直应力分布近似呈梯形状，煤柱应力峰值区较大，应力峰值与 3 m 煤柱相比变化不大，但应力峰值区距沿空巷道距离较远。

2) 不同宽度煤柱垂直应力峰值变化规律

随着煤柱宽度的增大，煤柱内垂直应力峰值呈现出先增大，再逐渐趋于放缓。分析其变化趋势分为如下两个阶段：

（1）2~3 m 阶段：煤柱由 2 m 增大到 3 m 后，煤柱内垂直应力峰值由 4.57 MPa 增加到 8.31 MPa，增大 3.74 MPa，呈线性增大趋势。

（2）3~3.5 m 阶段：煤柱为 3 m 时垂直应力峰值为 8.31 MPa，3.5 m 时为 10.86 MPa。在该阶段垂直应力增幅明显，斜率比上阶段大。

综上所述，煤柱宽度为 2~3 m 时，煤柱内应力峰值区基本处于煤柱中央区域，且窄煤柱 2 m 时小于原岩应力；宽度为 3~3.5 m 时，应力峰值区范围更大、距离采空区距离更近、距巷道低应力区域大。

因此，从煤柱内应力场分布规律考虑，煤柱合理宽度应在 2.5~3 m 范围。

2. 位移场分布与煤柱宽度的关系

分别取不同宽度煤柱向采空区侧和巷道侧水平位移峰值，并分析位移峰值和煤柱宽度的关系，如图 4-22 所示。分析可知：

采用不同宽度的煤柱进行沿空掘巷均会使煤柱向采空区侧和巷道内产生位移，且掘巷所引起的煤柱向巷道内的位移普遍大于向采空区侧位移，并且随着煤柱宽度增大向巷内位移增大，向采空区侧位移则相对影响较小。

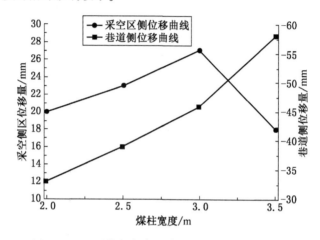

图 4-22　不同煤柱宽度的煤柱向两侧水平位移曲线

1）向采空区侧水平位移

煤柱宽度为 2～3 m 时，煤柱向采空区侧水平位移峰值由 20 mm 增大到 27 mm，呈线性增长趋势；煤柱宽度为 3～3.5 m 时，向采空区侧水平位移急剧下降。

2）向巷道侧水平位移

煤柱宽度由 2 m 增大到 3.5 m 时煤柱向巷道侧水平位移峰值可分为两个阶段：2～3 m 范围，水平位移峰值由 33.2 mm 增大到 46.1 mm，呈线性增长；3～3.5 m 范围，增长幅度较上一范围明显变大。

综合以上分析，从煤柱内水平位移场分析，考虑合理煤柱宽度为 2.5～3 m。

3. 巷道围岩变形与煤柱宽度的关系

窄煤柱宽度与巷道围岩变形关系如图4-23所示。

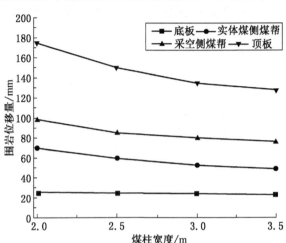

图4-23 窄煤柱宽度与巷道围岩变形关系

由图4-23分析可知，不同窄煤柱宽度对巷道围岩变形的影响如下：

（1）顶板下沉：巷道顶板下沉量随煤柱宽度增大而不断变化，煤柱宽度为2~3 m时，顶板下沉量随着煤柱宽度的增大而减小，从175 mm增加到135 mm；煤柱宽度为3~3.5 m时，顶板下沉量随着煤柱宽度的增大而缓慢减少，顶板下沉量从135 mm减少至128 mm。

（2）底鼓：巷道底鼓量随煤柱宽度增大而缓慢增大，最后趋于稳定。

（3）采空侧煤帮移近：采空侧煤帮移近量随煤柱宽度增大而不断变化。煤柱宽度为2~3 m时，实体煤帮移近量随着煤柱宽度的增大而减少，顶板下沉量从2 m时的98 mm减少至80 mm；煤柱宽度为3~3.5 m时，虽然实体煤帮移近量也随着煤柱宽度的增大而缓慢增大，但移近量较小。因此，不同窄煤柱宽度对沿空掘巷的顶板下沉和实体煤帮的影响很大，对底鼓的影响相对较小。从巷道围岩变形分析，考虑合理煤柱宽度为 2.5 ~ 3 m。

综合窄煤柱宽度的设计原则、理论计算和数值分析，窄煤柱宽度为 2.5~3 m 时，巷道围岩变形量也较小，选择该矿沿空掘巷合理窄煤柱宽度为 3 m。

4.5 煤柱采出率

611 工作面与相邻 610 工作面区段间留设 25 m 煤柱，煤厚 12.5 m，经测算煤柱煤损面积为 25 m×12.5 m＝312.5 m²，通过理论计算和数值模拟相邻区段间拟留设 3 m 煤柱，经测算煤损面积为 3 m×12.5 m＝37.5 m²，工作面走向长度按 816 m 计算，可多采出煤炭量为 224400×1.45＝3.25×10⁵ t，煤柱采出率为 88%。

4.6 巷道支护参数优化

4.6.1 相同支护参数下不同巷道位置支护效果比较

由于 610 与 611 工作面间留设 25 m 煤柱，煤炭资源浪费严重，经过理论计算和数值模拟确定窄煤柱宽度为 3 m，采用原支护参数对 25 m 煤柱和 3 m 煤柱的巷道围岩变形和垂直应力方面进行比较。

611 回风巷原巷道支护参数如下：

顶板：采用 5 根 ϕ22 mm×2400 mm 的左旋无纵筋螺纹钢锚杆，4300 mm×275 mm×3.75 mm 的 W 形宽钢带，锚杆间排距为 900 mm×1000 mm，每孔使用 CK25100 锚固剂 1 支。在巷中和沿空侧顶板布置 2 排纵向 W 形宽钢带锚索梁，W 形钢带长度为 4300 mm，锚索规格为 ϕ20 mm×8500 mm，巷道中间布置 1 根锚索，排距为 5000 mm，每孔使用 CK25100 锚固剂 2 支。

两帮：均采用 3 根 ϕ22 mm×2400 mm 的左旋无纵筋螺纹钢锚杆，间排距为 1000 mm×1000 mm，每孔使用 CK25100 锚固剂

1 支。

611 回风巷支护如图 4-24 所示。

不同煤柱宽度支护模拟情况如下:

为比较巷道相同支护参数下 3 m 煤柱和 25 m 煤柱的支护效果,采用数值模拟比较垂直应力和塑性区分布,如图 4-25 所示。

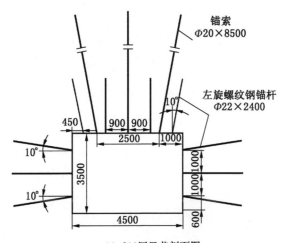

(a) 611回风巷剖面图

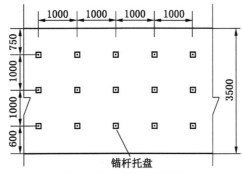

(b) 611回风巷帮部平面图

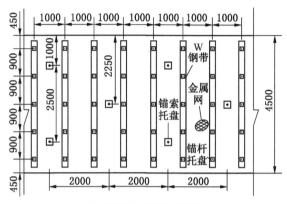

(c) 611回风巷顶板平面图

图4-24　611回风巷支护图

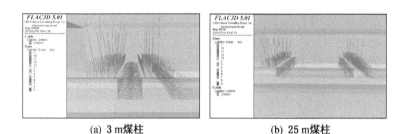

(a) 3 m煤柱　　　　　　　　　　　(b) 25 m煤柱

图4-25　相同支护参数不同巷道位置巷道支护图

1. 垂直应力比较

相同支护参数下不同巷道位置垂直应力如图4-26所示。

由图4-26a可知，煤柱宽度为3 m时，煤柱内的垂直应力最大值为10.03 MPa，大于原岩应力6.25 MPa，说明窄煤柱具有承载能力，且大于图4-19c 3 m煤柱巷道未支护的8.31 MPa，说明采用原支护参数可使窄煤柱承载能力进一步增强；图4-26b 25 m煤柱采用原支护参数，在两个巷道间存在两个应力峰值，靠近610进风巷侧煤柱内垂直应力最大值为12.25 MPa，靠近611回

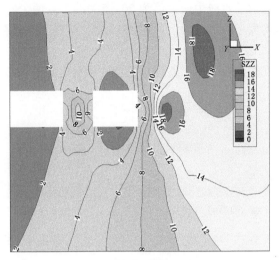

(a) 3 m煤柱

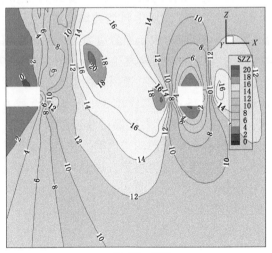

(b) 25 m煤柱

图 4-26　相同支护参数下不同巷道位置垂直应力图

风巷侧煤柱内垂直应力最大值为 20. 15 MPa, 且两个峰值之间的垂直应力均大于原岩应力, 说明 25 m 宽大煤柱具有承载能力。

2. 塑性区比较

相同支护参数下不同巷道位置塑性区对比如图 4-27 所示。

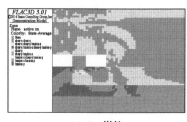 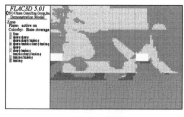

(a) 3 m煤柱   (b) 25 m煤柱

图 4-27　相同支护参数下不同巷道位置塑性区对比图

由图 4-27 可知, 煤柱的破坏方式主要以剪切和拉伸为主, 煤柱宽度为 3 m 时, 煤柱间发生剪切破坏, 结合图 4-26a 可知, 煤柱间有部分区域垂直应力大于原岩应力, 可保证巷道稳定。煤柱宽度为 25 m 时, 煤柱中部未发生破坏, 结合图 4-26b 可知, 煤柱的垂直应力大于原岩应力, 说明煤柱中部存在弹性核。

综上所述, 虽然 25 m 大煤柱较 3 m 窄煤柱承载力更强, 但 3 m窄煤柱仍具有一定的承载力可保持巷道围岩稳定, 且煤柱宽度减少 22 m, 可提高煤炭资源的采出率, 并且 3 m 煤柱采用原巷道支护参数仍可保持巷道围岩稳定, 因此可优化巷道支护参数, 降低巷道支护成本。

4.6.2　支护参数优化

4.6.2.1　锚杆支护参数计算

1. 锚杆长度计算

锚杆长度计算公式为

$$L = L_1 + L_2 + L_3 \qquad (4-24)$$

式中　L_1——锚杆外露长度, 取 0. 15 m;

L_2——锚杆有效长度；

L_3——锚杆锚固长度，取 0.4 m。

锚杆支护在厚煤层中支护主要是锚杆结构将顶板不稳定岩层悬吊在自然平衡拱位置处起到良好的支护作用，因此，锚杆有效长度 L_2 按照自然平衡拱理论进行计算，自然平衡拱受力变形如图 4-28 所示。

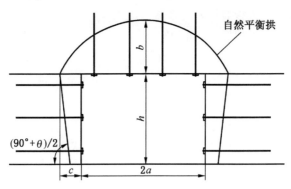

图 4-28 锚杆支护巷道自然平衡拱受力变形简图

巷帮破坏深度计算公式为

$$c = \left(\frac{K_2 \gamma H}{10^4 f}\right) h \tan \frac{90° - \varphi}{2} \tag{4-25}$$

式中 K_2——角部应力集中系数，取 1.9；

γ——岩层平均容重，取 25 kN/m³；

H——巷道埋深，250 m；

f——煤层普氏系数，取 1.39；

h——巷道高度，取 3.2 m；

φ——岩层内摩擦角，取 38°。

代入以上数据进行计算：

$$c = \left(\frac{1.9 \times 25 \times 250}{10^4 \times 1.39}\right) \times 3.2 \times \tan \frac{90° - 38°}{2} = 1.33 (\text{m})$$

帮部锚杆长度为 $L_{帮} = 0.15 + 1.33 + 0.4 = 1.88(\mathrm{m})$，帮锚杆可取值 2.2 m。

顶板破坏深度计算如下：

$$b = \frac{(a + c)\cos\alpha}{kf} \qquad (4 - 26)$$

式中　a——巷宽的一半，取 2.25 m；

　　　k——顶板煤层岩性系数，取 1.4；

　　　α——煤层倾角，取 4°。

经计算顶板破坏深度 b 为 1.84 m。

帮部锚杆长度为 $L_{顶} = 0.15 + 1.84 + 0.4 = 2.39(\mathrm{m})$，顶锚杆可取值 2.4 m。

2. 锚杆间排距计算

$$z = S_c = S_1 \leqslant \pi \times Z \times \sqrt{\frac{(a + b) \times Z}{ab}} \qquad (4 - 27)$$

式中　z——锚杆间排距 m；

　　　Z——锚杆锚入自然平衡拱额定深部，取值 0.48 m。

$$z = S_c = S_t \leqslant \pi \times 0.48 \times \sqrt{\frac{(2.25 + 1.84) \times 0.48}{2.25 \times 1.84}} = 1.04(\mathrm{m})$$

巷道顶锚杆间排距取 1.0 m×1.0 m，帮锚杆间排距取 1.0 m×1.0 m。

3. 锚杆杆体直径计算

$$d = \sqrt{\frac{4Q}{\pi\sigma_t}} \qquad (4 - 28)$$

式中　d——锚杆杆体直径，mm；

　　　Q——锚固力，取 110 kN；

　　　σ_t——锚杆材料抗拉强度，取 460 MPa。

经计算，锚杆杆体直径为 17.40 mm，为控制巷道围岩变形，杆体直径可取 20 mm。

4.6.2.2 锚索支护参数计算

1. 锚索长度计算

锚索长度计算公式为

$$L' = L_a + L_b + L_c \qquad (4-29)$$

式中 L'——锚索总长度，m；

L_a——锚索锚固长度，m；

L_b——悬吊不稳定煤层厚度，取 2.8 m；

L_c——外露长度，取 0.35 m。

$$L_a \geq K \times \frac{d_1 \times f_a}{4f_c} \qquad (4-30)$$

式中 K——安全系数，取 1.5；

d_1——锚索直径，取 20 mm；

f_a——锚索抗拉强度，取 1430 N/mm²；

f_c——锚固剂黏合强度，取 5.2 N/mm²。

$$L_a \geq 2.062 \text{ m} \approx 2.1 \text{ m}$$

$$L' = L_a + L_b + L_c = 2.1 + 2.8 + 0.35 = 5.25(\text{m})$$

设计锚索长度为 6.5 m 可满足巷道支护。

2. 锚索排距计算

巷道锚索原支护为每排在巷道中间打 1 根锚索，支护效果较好，故采用原支护每排打 1 根锚索，则锚索排距可根据式（4-31）计算：

$$a' \leq \frac{nF_2}{bL_2\gamma - \dfrac{2F_1\sin\xi}{z}} \qquad (4-31)$$

式中 a'——锚索间排距，m；

n——巷道采用影响系数，取 0.75；

F_2——锚索极限承载力，取 350 kN；

F_1——锚杆预紧力，取 60 kN；

b——巷道垮落拱宽度，取 1.84 m；

L_2——锚杆支护长度，取 1.84 m；

ξ——角锚杆与顶板夹角，取 75°；

z——锚杆排距，取 1.0 m。

经计算 $a' \leqslant 8.39$ m，故锚索的排距可选取 5 m。

根据上述计算，巷道宽度为 4.5 m，锚索选用长度为 6.5 m，直径 20 mm 的钢绞线，锚索每排布置 1 根锚索，排距为 5.0 m。

经过上述计算锚杆、锚索参数，611 回风巷支护参数如下：

（1）顶板：采用 4 根 ϕ20 mm×2400 mm 的左旋无纵筋螺纹钢锚杆，钢带为 4300 mm×275 mm×3.75 mm 的 W 形宽钢带，锚杆间排距为 1000 mm×1000 mm，每孔使用 CK25100 锚固剂 1 支。在巷中和沿空侧顶板布置 2 排纵向 W 形宽钢带锚索梁，W 形钢带长度为 4 300 mm，锚索规格为 ϕ20 mm×6500 mm，巷道中间布置 1 根锚索，排距为 5000 mm，每孔使用 CK25100 锚固剂 2 支。

（2）两帮：均采用 3 根 ϕ20 mm×2200 mm 的左旋无纵筋螺纹钢锚杆，间排距为 1000 mm×1000 mm，每孔使用 CK25100 锚固剂 1 支。

611 回风巷优化后支护如图 4-29 所示。

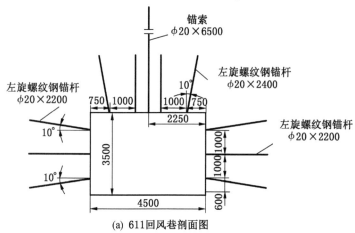

(a) 611回风巷剖面图

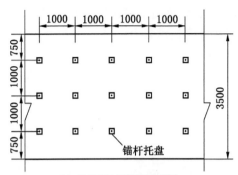

(b) 611回风巷帮部平面图

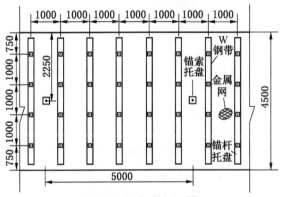

(c) 611回风巷顶板平面图

图4-29 611回风巷优化后支护图

4.6.2.3 相同煤柱宽度不同支护参数数值模拟

为比较巷道支护参数优化前后的支护效果，采用数值模拟比较垂直应力和塑性区分布。3.5 m煤柱优化前后支护模拟如图4-30所示。

1. 垂直应力比较

巷道支护参数优化前后垂直应力如图4-31所示。

由图4-31可知，3 m煤柱巷道支护参数优化前煤柱最大垂直应力为10.03 MPa，优化后最大垂直应力为9.65 MPa，垂直应力降低了 0.38 MPa，但仍高于原岩应力 6.25 MPa，说明巷道支护参数优化后可提高煤柱承载力。

2. 塑性区比较

如图 4-32 所示，3.5 m 煤柱支护参数优化前后相邻巷道煤柱、顶底板塑性区分布基本相同，但在 611 回风巷右帮角优化后比优化前塑性区范围要大些，说明巷道支护参数优化后对塑性区范围扩展影响不大。

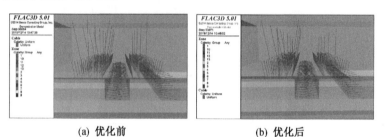

(a) 优化前   (b) 优化后

图 4-30   3.5 m 煤柱优化前后支护模拟图

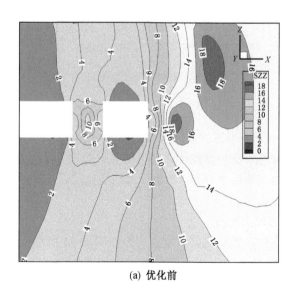

(a) 优化前

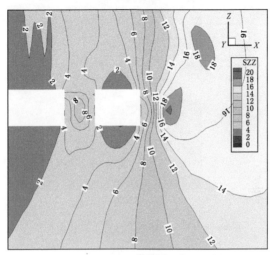

(b) 优化后

图 4-31 巷道支护参数优化前后垂直应力图

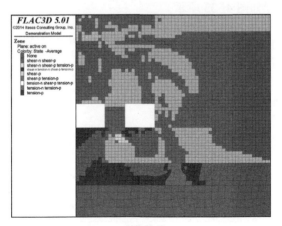

(a) 优化前

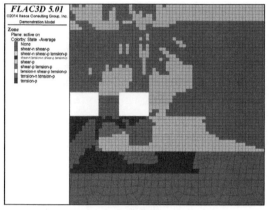

(b) 优化后

图 4-32 3.5 m 煤柱优化前后支护模拟图

4.6.2.4 611 回风巷二次采动数值模拟

611 工作面回采后，611 回风巷受二次采动影响，分析工作面回采对 611 回风巷围岩位移变形影响。支护参数优化前后围岩移近量曲线如图 4-33 所示。

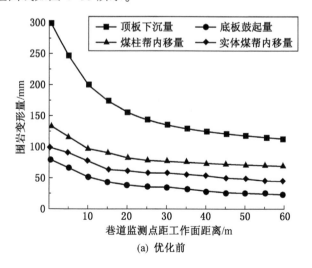

(a) 优化前

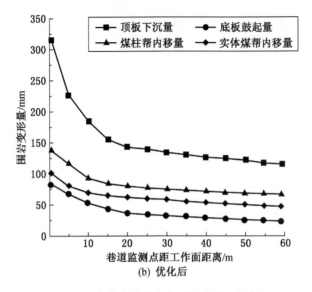

(b) 优化后

图 4-33　支护参数优化前后围岩移近量曲线

由图 4-33 可知，随着工作面向前推进，巷道受采动影响不断增大，导致巷道断面顶底板及两帮位移逐渐增大，并且在距工作面一定距离时，位移变化急剧增加，说明巷道在此区间段受采动影响开始加大。图 4-33a 为巷道支护参数优化前，在远离巷道 60 m 处，顶板下沉量由 296 mm 减小到 108 mm、底板鼓起量由 78 mm 减小到 23 mm、煤柱帮内移量由 132 mm 减小到 58 mm、实体煤帮内移量由 98 mm 减小到 44 mm，随着工作面持续推进，到达 15 m 处时，各移近量变化幅度增大，说明工作面前方 0~15 m 内受回采扰动比较严重。图 4-33b 为巷道支护参数优化后，在工作面开始回采期间，顶板下沉量为 315 mm、底板鼓起量为 84 mm、煤柱帮内移量为 138 mm、实体煤帮内移量为 103 mm，随着工作面持续推进，到达 15 m 处时，各移近量变化幅度增大，说明工作面前方 0~15 m 内受回采扰动比较严重。在远离巷道

60 m 处，位移得到了一定的控制，其中顶板下沉量为 116 mm、底板鼓起量为 24 mm、煤柱帮内移量为 67 mm、实体煤帮内移量为 48 mm。巷道支护参数优化后，顶板锚杆每排由 5 根减少到 4 根，锚索长度由 8.5 m 减少到 6.5 m，但依然可有效控制巷道围岩变形，保证巷道稳定。

4.6.3 支护效益比较

611 回风巷支护优化前后材料费用明细表见表 4-3、表 4-4。

表 4-3　611 回风巷支护优化前材料费用明细表

支护材料	规格	套/排	排/m	密度/ (套·m⁻¹)	单价/ (元·套⁻¹)	小计/ (元·m⁻¹)
顶板锚杆	φ22 mm×2400 mm	5	1	5	52.40	262
金属网	5×1 m	1	1	1	72	72
W 形钢带	4300 mm×275 mm ×3.75 mm	1	1	1	45.71	45.71
顶板锚索	φ20 mm×8500 mm	1	0.2	0.2	280	56
两帮锚杆	φ22 mm×2400 mm	3	1	3	26.26	157.56
总计						593.27

表 4-4　611 回风巷支护优化后材料费用明细表

支护材料	规格	套/排	排/m	密度/ (套·m⁻¹)	单价/ (元·套⁻¹)	小计/ (元·m⁻¹)
顶板锚杆	φ20 mm×2400 mm	4	1	4	45.10	180.4
金属网	5×1 m	1	1	1	72	72
W 形钢带	4300 mm×275 mm ×3.75 mm	1	1	1	45.71	45.71
顶板锚索	φ20 mm×6500 mm	1	0.2	0.2	260	52
两帮锚杆	φ20 mm×2200 mm	3	1	3	24.26	145.56
总计						495.67

通过比较表 4-3、表 4-4 可知，巷道优化前支护成本为 593.27 元/m，巷道优化后支护成本为 495.67 元/m，则巷道支护参数优化后每米节约成本 97.6 元，612 区段回风巷长 813 m，可节约成本 79348.8 元。

5 工作面顶煤弱化技术研究

综放工作面顶煤的冒放性是指顶煤垮落与放出的难易程度，其主要包括两方面的内容：顶煤的破坏垮落形态以及顶煤的放出特性。放顶煤开采是实现工作面煤炭和顶部煤炭同时采出，机采高度范围内，通过采煤机对煤壁进行破碎采出；顶煤主要是在矿山压力作用下发生变形破坏垮落，进而采出顶煤。因此，放顶煤工作面回采的关键问题是顶煤的破碎、垮落及放煤工艺。

5.1 特厚煤层 611 综放工作面顶煤冒放机理研究

煤层强度直接影响顶煤冒放性，软煤最易垮落，可放性好；中硬煤次之；硬煤的冒放性最差。官板乌素煤矿 6 号煤层煤体抗压强度为 16.25 MPa，普氏系数 $f > 1.5$，属于中硬煤层，煤层强度对顶煤放性影响显著，现场支架后部常有悬顶的顶煤，且垮落块度较大。611 特厚煤层综放采煤工作面机采高度为 3.5 m，放顶煤最大厚度为 10 m，平均厚度为 9 m，采放比为 1∶2.57，顶煤厚度较大，尤其是中部顶煤很难得到充分松动，未经充分松动过程的顶煤体，在垮落区难以垮落。

综放工作面采场沿走向布置剖面如图 5-1 所示，顶煤能否得到高效回收取决于两个关键科学问题，即顶煤破碎机理和散体顶煤的流动规律。结合散体介质流理论可知：通过优化放煤工艺参数，架后处于散体状态的顶煤可达到最大程度的放出率，而顶煤能否随工作面推进由未受采动时的完整状态破裂至架后的散体状态，则是综放开采技术能否成功应用的关键。本小节基于顶煤冒放机理研究，对影响 611 工作面顶煤冒放性的主要影响因素煤体强度和顶煤厚度进行分析，以探究适合提高顶煤冒放性的措施。

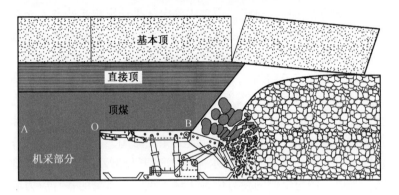

图 5-1 综放工作面采场沿走向布置剖面图

由图 5-1 可知，顶煤的破坏经历了两个过程，即由原岩应力区至煤壁 OA 段和处于控顶范围内的 OB 段，处于 OA 段的顶煤，其上下表面均为位移边界约束，沿水平方向围压较大，顶煤仅发生损伤，始终具有一定的自稳能力，该阶段顶煤变形较小，主要表现为裂隙的孕育；进入 OB 阶段，顶煤上、下表面约束均变为应力边界条件，且水平应力基本降至 0 水平，此阶段顶煤在顶板压力及支架支撑作用下可发生大变形，顶煤中的原生裂隙和采动裂隙充分扩展并贯通，将顶煤切割成块体，最终在架后垮落成为具有一定流动性的散体，该阶段为顶煤破碎发生大变形。

在工作面前方 OA 段内，为简化分析，假设垂直方向和水平方向为煤体受力状态的两个主方向，则垂直应力（支承压力）和水平应力为作用于煤体上的两个主应力，研究表明最大主应力加载和最小主应力卸载均可加剧煤体破坏及其中微小裂隙的萌生、发育和贯通。一定强度的煤体，裂隙的存在会导致煤体强度的降低，进而减弱其承载能力，并使煤体表现出各向异性力学特征。无论是完整煤体还是裂隙煤体，通过改变其所经历的应力路径，均可使煤体发生破坏，并表现出不同的宏观破坏形式，即煤体所经历的应力路径在其破坏过程中起主导作用。为得到工作面前方顶煤的破坏损伤过程，应首先确定从采动影响起始点 A 至煤壁这一过程中顶煤所经历的应力路径，此处可借助极限平衡原理对煤壁前方顶煤损伤过程进行分析。

工作面前方 OA 阶段，垂直应力在采动影响下发生变化（图5-2）。在原岩应力区，顶煤中任意微单元 abcd 所受的水平应力通常大于垂直应力成为第一主应力。随着工作面的推进，单元体 abcd 位置距煤壁距离减小，开始受到采动影响，此时垂直应力开始增大进入应力升高区，而水平应力则开始减小进入应力降低区，当单元体与煤壁的相对位置达到 A 点时，所受的垂直应力同水平应力大小相等，处于原岩应力区。顶煤单元体通过 A 点后，随垂直应力增加及水平应力减小，垂直应力成为第一主应力，直至顶煤单元体过渡至支承压力峰值位置 B 点达到极限平衡状态开始破坏，进入后继屈服状态。由顶煤单元体应力状态的改变可知 A 点之前，顶煤中主应力差 $(\sigma_1 - \sigma_3)$ 是减小的，表现为弹性压缩区，没有破坏危险，而顶煤通过 A 点之后，其主应力差在 B 点达到最大值，在该点垂直应力同水平应力之差（偏应力）达到最大值，顶煤在偏应力作用下发生剪切屈服，煤体中开始出现不可恢复的塑性变形并表现出应变软化现象，顶煤承载能力逐渐

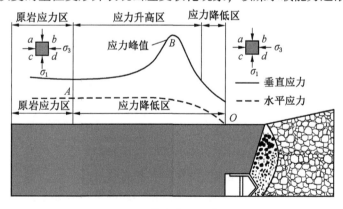

图 5-2 煤壁前方顶煤分区

降低，在煤壁处仅剩残余应力。A 点后煤壁前方顶煤破坏过程中其应力路径实质为升轴压（σ_1）降围压（σ_2）过程。

工作面开挖引起的卸荷作用，造成煤层所受水平约束的消失，煤层中分布的水平主应力由初始值逐渐降低。随着距煤壁距离的减小，开挖在煤体中造成的卸荷作用逐渐增强，并在工作面煤壁处降低至 0 水平，由初始采动影响位置至工作面煤壁，开挖造成的水平地应力变化近似服从以下负指数关系：

$$\sigma_h = \sigma_{hi}[1 - \exp(-\alpha x)] \qquad (5-1)$$

式中　σ_{hi}——初始水平地应力，MPa；

　　　α——拟合常数（控制采动卸压范围及应力变化梯度，该参数受采高、工作面长度及工作面推进速度的影响）；

　　　x——工作面前方任意一点煤体距工作面煤壁的距离（工作面煤壁位置为坐标原点），m。

开挖在造成侧向卸荷效应的同时，还引起覆岩的下沉运动，未受采动影响前，覆岩处于初始平衡状态，采动影响后，部分煤层被回收形成空区，该范围的上覆岩层失去支撑开始下沉，其重力则通过上覆各岩层向未采出的实体煤层转移，使实体煤承受的覆岩重力增大，从而在工作面前方产生支承压力。同水平应力在开挖卸荷作用下的降低趋势正好相反，垂直应力自初始采动影响点 A 开始升高，垂直应力的升高阶段（图 5-2 中 AB 段）可由下式拟合：

$$\sigma_v = (K-1)\gamma H \exp\frac{l-x}{\beta} + \gamma H \qquad (5-2)$$

式中　β——拟合常数；

　　　K——垂直应力峰值系数；

　　　l——垂直应力峰值点距煤壁的距离。

现场实测垂直应力峰值系数最大值可达到 4，即峰值系数 K 的取值范围介于 1~4 之间。

$$\sigma_{vmax} = K\gamma H \qquad (5-3)$$

在峰值点处，顶煤进入极限平衡状态，因塑性变形、微裂隙发育顶煤中开始出现损伤，在不考虑顶煤软化的条件下，垂直应力峰值位置至煤壁范围内（OB 段），顶煤均处于极限平衡状态，满足 M-C 屈服准则和变形一致性条件。

$$\sigma_v = N_\varphi \sigma_h + 2\sqrt{N_\varphi}C \qquad (5-4)$$

由式（5-4）可知，由于水平应力不断减小，垂直应力由峰值开始降低，顶煤逐渐由三轴应力状态向单轴应力状态转变，在煤壁处垂直应力降至顶煤的单轴抗压强度。将式（5-1）、式（5-3）代入式（5-4）可得垂直应力峰值点 B 至煤壁的水平距离为

$$l = -\frac{1}{\alpha}\ln\left[1 - \frac{1}{\sigma_{hi}N_\varphi}(K\sigma_{vi} - 2\sqrt{N_\varphi}C)\right] \qquad (5-5)$$

将式（5-5）代入式（5-1）可得垂直应力峰值位置对应的水平应力为

$$\sigma_{hmax} = \sigma_{hi}\left\{1 - \exp\left\{\ln\left[1 - \frac{1}{\sigma_{hi}N_\varphi}(K\sigma_{vi} - 2\sqrt{N_\varphi}C)\right]\right\}\right\}$$
$$(5-6)$$

结合式（5-1）~式（5-6），我们可以初步得到顶煤中垂直和水平主应力变化特征，在此基础上得到煤壁前方顶煤破坏机理和损伤过程。

在得到顶煤中主应力分布特征后，为分析顶煤破坏临界状态，提出顶煤破坏危险性系数：摩尔-库仑强度曲线同摩尔圆之间的相对位置关系如图 5-3 所示，定义顶煤破坏临界性系数 k 为摩尔应力圆半径同圆心至强度曲线垂直距离之差。

根据几何关系，破坏危险性系数同主应力 σ_1、σ_3 及顶煤强度参数 C、φ 之间的关系为

$$k = \frac{1}{2}(\sigma_1 - \sigma_3) - \frac{1}{2}(\sigma_1 + \sigma_3)\sin\varphi - C\cos\varphi \qquad (5-7)$$

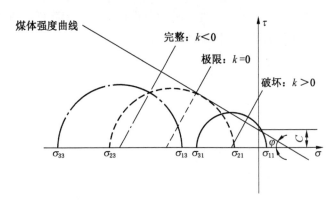

图 5-3 顶煤破坏危险性系数

官板乌素煤矿煤层赋存深度为 250 m，上覆岩层容重为 25 kN/m³，测压系数取 0.6，则初始垂直应力和水平应力为 6.25 MPa、3.75 MPa，支承压力峰值系数 K 取 3，煤体内聚力和内摩擦角分别为 2.5 MP 和 36.5°，将以上参数代入式（5-1）~式（5-7）可得煤壁前方垂直和水平主应力分布曲线（图 5-4）。采动影响下，顶煤中应力分布在工作面前方 46 m 处（A 点）开始发生变化，垂直应力在覆岩载荷传递作用下增大，但水平应力变化并不明显，其值在距工作面约 20 m 处开始在开挖卸荷作用下降低，说明开挖卸荷对水平应力的影响滞后于覆岩沉降对垂直应力的影响。垂直应力峰值出现在超前工作面 8 m 处（B 点），峰值应力达到 19 MPa。由 A 点至 B 点的过程中顶煤破坏危险性系数逐渐增大，但在 AA′段由于仅垂直应力发生变化，开挖卸荷作用不明显，顶煤破坏危险性系数增长速度小，在 A′B′段顶煤同时受到覆岩沉降和开挖卸荷的影响，破坏危险性系数增长速度明显提高。对比 AA′段和 A′B′段破坏危险性系数曲线的斜率，可判断开挖卸荷（水平应力卸载）在促进顶煤破坏中所起的作用明显大于覆岩沉降（垂直应力加载）所起的作用。在 B 点顶煤破坏危险性系数增长至 0 水平，说明顶煤进入极限平衡状态并开始损伤，之后随着水平应力在开挖卸荷作用下的持续降低，垂直应力在峰值点后也呈现出降低的趋势。

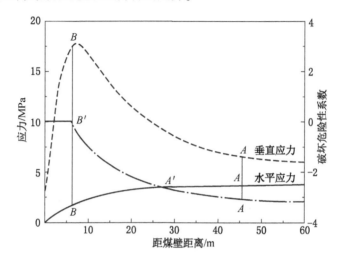

图 5-4 611 工作面顶煤中垂直和水平主应力分布曲线

5.1.1　煤体强度对顶煤应力分布及损伤范围的影响

1. 煤体强度对顶煤应力分布影响

完整煤体强度由其强度参数内聚力和内摩擦角共同决定，顶煤内摩擦角对应力分布的影响如图 5-5 所示。随着煤体内摩擦角的增加，顶煤初始屈服点位置逐渐向煤壁靠近，超前煤壁破坏的范围越小，由初始屈服点至煤壁，顶煤经历的损伤时间越有限，剪切裂隙的发育程度低，顶煤冒放性差。随着内摩擦角的增大，初始屈服点至煤壁范围内，顶煤中垂直应力的变化梯度逐渐升高，但垂直应力分布受内摩擦角的影响程度随着内摩擦角的增大而降低。

内聚力对顶煤中应力分布的影响，如图 5-6 所示。随着顶煤内聚力的增大，顶煤初始屈服位置距煤壁的距离逐渐减小，说明内聚力越大，顶煤破坏越困难，初始屈服破坏后经历的损伤时间减少，顶煤冒放性变差。

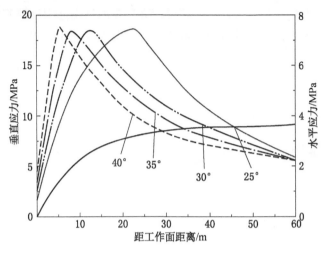

图 5-5　内摩擦角对顶煤应力分布影响

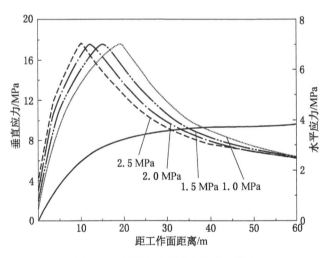

图 5-6　内聚力对顶煤应力分布影响

2. 煤体强度对损伤范围的影响

根据以上对煤壁前方顶煤应力路径的分析，我们可以判别顶

117

煤是否发生损伤，因此，以煤壁前方顶煤的损伤范围反映其损伤程度。顶煤强度对顶煤损伤范围影响如图 5-7 所示，顶煤损伤范

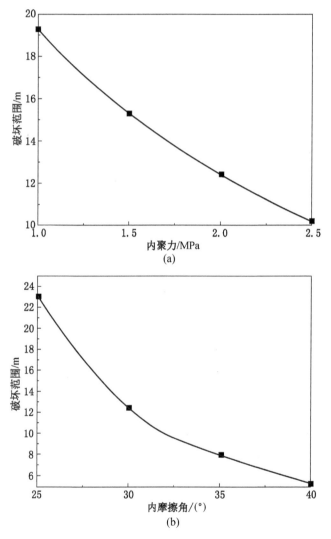

图 5-7　顶煤强度对顶煤损伤范围影响

围随着内聚力、内摩擦角的增大而减小，顶煤冒放性变差。增大至较高水平时，顶煤损伤范围受其影响不再明显。

顶煤强度对顶煤破坏危险性系数影响如图 5-8 所示，顶煤破

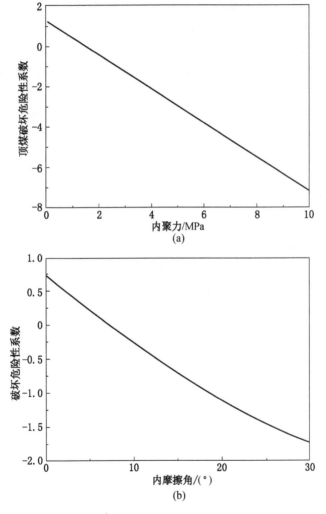

(a)

(b)

图 5-8 顶煤强度对顶煤破坏危险性系数影响

坏危险性系数随强度参数 C、φ 的增大而减小，即顶煤强度越高，其冒放性越差，因此，可以通过对顶煤致裂等手段降低顶煤强度参数，从而提高顶煤的冒放性。

5.1.2 煤体厚度对顶煤破坏危险性系数的影响

破坏危险性系数随顶煤厚度的变化曲线如图 5-9 所示。随着顶煤厚度的增加，破坏危险性系数减小，即顶煤厚度越大，其冒放性越差。顶煤厚度较小时其厚度变化对冒放性的影响最为明显，随着顶煤厚度的增大，厚度变化对顶煤破坏危险性系数的影响程度降低，当顶煤厚度增加至 8 m 时，破坏危险性系数基本不再受顶煤厚度的影响。由式（5-7）可知顶煤破坏危险性系数随着顶煤中最大主拉应力的增加而增大，冒放性增强。在厚度较小的条件下，顶煤中更容易出现水平拉应力，促使顶煤发生拉剪破坏；当顶煤中出现的最大拉应力值达到其抗拉强度时，顶煤甚至发生拉伸破坏。随着顶煤厚度的增加，顶煤中最大拉应力值迅速降低，当顶煤增加至一定厚度后，在顶板压力作用下顶煤中不会

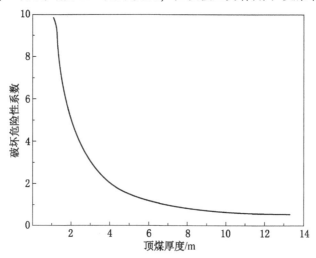

图 5-9　顶煤厚度对顶煤破坏危险性系数影响

再出现拉应力，此时顶煤所处应力状态类似于单轴抗压状态，其破坏危险性系数的大小取决于作用于其上的顶板压力及其自身的残余强度，因此，破坏危险性系数不再受顶煤厚度的影响。

现场实测证明控顶区范围内上位顶煤最为破碎，冒放性最好，下位顶煤次之，而中位顶煤裂隙发育最少，冒放性最差。结合现场实测和理论计算可以判定下位顶煤的破坏受支架载荷影响较大，而上位顶煤的破坏则受顶板载荷的影响较大，因此，上、下位顶煤的冒放性最好，而中位顶煤不能直接受到顶板或支架载荷的影响，因此冒放性最差。

综上所述，官板乌素煤矿 611 工作面，煤体单轴抗压强度为 16.25 MPa，顶煤内聚力、内摩擦角较大，对顶煤应力分布影响程度大，初始屈服点位置距煤壁约 5 m，超前煤壁破坏范围较小；工作面顶煤厚度达 9 m，顶煤破坏危险性系数趋于 2 左右，顶煤冒放性差。因此，通过降低顶煤强度等手段提高顶煤破坏危险性系数，从而提高顶煤冒放性。

5.2 坚硬顶煤大直径钻孔预裂技术研究

5.2.1 坚硬顶煤大直径钻孔预裂技术

由 5.1 节可知，官板乌素煤矿顶煤冒放性差，矿山压力作用不能使顶煤及时垮落和充分破碎，在到达支架放煤口位置无法充分放出，这将使大量顶煤难以回收，造成资源采出率低，并埋下采空区遗煤自然发火严重的隐患，同时也必将严重威胁工作面安全生产，严重制约工作面产效的提高。而顶煤能否及时垮落和充分破碎主要取决于煤体的整体强度和矿山压力的大小，矿山压力大小主要由煤层赋存条件决定，主观调控性不强，因此国内外对综放开采顶煤弱化技术展开研究。

目前，综放开采顶煤弱化技术主要有工作面回采巷道或工艺巷内深孔爆破、工作面超前注水软化等方法。工作面巷道深孔爆破成本高、可控性差，爆破过程中易产生大量粉尘，恶化工作面环境，在高瓦斯矿井中极易引发瓦斯爆炸；工艺巷内深孔爆破则会增加巷道掘进成本，施工和通风过程较为困难；工作面超前注水软化技术注水时间较长、注水量较大，对渗透系数小、孔隙率低的煤体而言效果较差，会造成工作面淋水等问题。

针对现有近水平厚煤层坚硬顶煤综放开采工作面采出率低、顶煤弱化技术成本高、工艺复杂、受煤层条件限制、影响工作面生产等问题，提出一种大直径钻孔顶煤预裂技术，实现厚煤层坚硬顶煤弱化的方法。该方法基于错层位巷道布置方式在工作面区段回风平巷沿煤层顶板布置，向顶煤中施工大直径预裂钻孔，设置合理的钻孔布置参数以实现对坚硬顶煤的预裂，降低其力学性质，从而解决顶煤的冒放性难题，以实现工作面顶煤采出率和采区采出率的提高。

基于官板乌素煤矿 611 工作面留窄煤柱沿空掘巷（图 5-10），将工作面沿空巷道（进风平巷）沿底板布置，回风平巷沿煤层顶板布置，工作面由底板经起坡段抬升至顶板，相邻中部槽间最大抬升角度为 3°。依据工作面回采巷道布置方式和煤体赋存性质，确定顶煤范围内钻孔的孔径、深度、布置方式、间距、倾角等参数，在回采巷道侧以一定角度向顶煤实施大直径预裂钻孔。

1—上区段回风平巷；2—沿空掘巷；3—下区段沿顶回风平巷；4—综放机采部分；
5—综放顶煤部分；6—大直径预裂钻孔

图 5-10　大直径钻孔顶煤预裂技术示意图

大直径钻孔顶煤预裂技术与现有顶煤弱化技术相比具有以下优点：

（1）采用错层位巷道布置方式，将工作面回风巷沿煤层顶板布置，可以破坏厚煤层顶煤中的夹矸，同时起到工艺巷的作用，便于顶煤弱化措施的实施，节约了生产成本。

（2）采用大直径钻孔对顶煤进行弱化，工艺简单，受煤层条件影响不大、有利于工作面生产的连续性。

（3）采用多排大直径钻孔的布置方式，可以充分利用矿山压力，对顶煤实现弱化，节约技术成本。

5.2.2 大直径钻孔坚硬顶煤破坏机理

大直径钻孔在煤体中开挖后，孔壁煤体的应力场平衡状态被打破，在重新分布的应力作用下发生弹塑性变形，并从孔壁向煤体深部发展，从而由孔壁向煤体深处依次形成了 3 个区域：破裂区、塑性区和弹性区。根据理想弹塑性软化模型，我们可以把这3 个区域分别对应于全程应力–应变曲线 3 个阶段：破裂区处于残余强度阶段、塑性区处于塑性软化变形阶段、弹性区处于弹性变形阶段。图 5-11 中，r_0 为钻孔半径、σ_0 为原始地应力、σ_c 为峰值强度、σ_{c^*} 为残余强度。

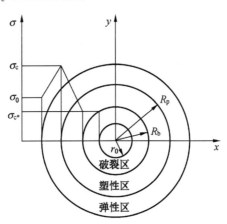

图 5-11 钻孔围岩力学模型

以往的钻孔周围塑性区计算的理论公式都是建立在围岩应力为均匀应力场，即侧压系数为 1，此时钻孔周围塑性区边界为圆形。采煤工作面煤体由于受地应力、采动应力等的影响，一般条件下侧压系数不为 1，采用弹塑性力学求解该条件下钻孔预裂区的边界非常困难，目前尚无确定的理论解。本小节求解大直径钻孔预裂边界方程时，首先假设钻孔开挖后，其周围煤体处于弹性状态，根据弹性理论求解钻孔周围煤体的应力状态，接着根据塑性条件判别该应力条件下煤体是否发生屈服，得到钻孔塑性区边界的近似解，对于了解钻孔周围塑性区的分布规律具有重要意义。

为研究煤层钻孔周围应力分布情况，设有一圆形钻孔，半径为 R_0，钻孔围岩由破裂区、塑性区和弹性区 3 部分组成，钻孔所在煤体具有连续性、均质性、各向同性、线弹性；钻孔轴向方向无限长；在钻孔轴向方向上，煤体性质保持一致。钻孔轴向尺寸远远大于其横向方向上的尺寸，可按平面应变问题处理。将钻孔所受的垂直应力和水平应力都简化为均布应力，则问题就转化为图 5-12a 所示的应力场条件下钻孔周围的应力分布。根据弹性力学叠加原理，可将图 5-12a 荷载分解为两部分：第一部分（图 5-12b）是四边为均布压应力 $P(1+\lambda)/2$；第二部分（图 5-12c）水平方向的均布拉应力 $P(1+\lambda)/2$ 和竖直方向的均布压力 $P(1-\lambda)/2$。

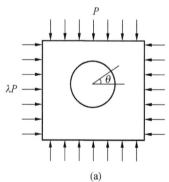

(a)

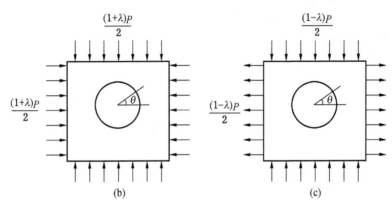

图 5-12 钻孔周围煤体受力模型

首先，对于图 5-12a 的应力情况，根据弹性力学经典解答，可得极坐标下钻孔周围煤体的应力分量表达式为

$$
\begin{cases}
\sigma_\rho = -\dfrac{(\lambda+1)P}{2} \times \left(1 - \dfrac{R^2}{\rho}\right) \\[2mm]
\sigma_\varphi = -\dfrac{(\lambda+1)P}{2} \times \left(1 + \dfrac{R^2}{\rho}\right) \\[2mm]
\tau_{\rho\varphi} = \tau_{\varphi\rho} = 0
\end{cases}
\tag{5-8}
$$

式中 R——钻孔半径，m；

ρ——钻孔周围煤体一点距离钻孔中心的距离，m。

其次，对于图 5-12b 的应力情况，同样根据已有弹性力学经典解答，可得钻孔周围煤体的应力分量表达式为

$$
\begin{cases}
\sigma_\rho = \dfrac{(1-\lambda)P}{2} \times \left(1 - \dfrac{R^2}{\rho^2}\right) \times \left(1 - 3\dfrac{R^2}{\rho^2}\right)\cos2\varphi \\[2mm]
\sigma_\varphi = \dfrac{(1-\lambda)P}{2} \times \left(1 + 3\dfrac{R^4}{\rho^4}\right)\cos2\varphi \\[2mm]
\tau_{\rho\varphi} = -\dfrac{(1-\lambda)P}{2} \times \left(1 - \dfrac{R^2}{\rho^2}\right)\left(1 + 3\dfrac{R^2}{\rho^2}\right)\sin2\varphi
\end{cases}
\tag{5-9}
$$

将图 5-12b 和图 5-12c 两部分应力分量进行叠加，即得图 5-12a 荷载作用下的极坐标应力分量：

$$
\begin{cases}
\sigma_\rho = -\dfrac{(\lambda+1)P}{2} \times \left(1 - \dfrac{R^2}{\rho}\right) + \dfrac{(1-\lambda)P}{2} \times \left(1 - \dfrac{R^2}{\rho^2}\right) \times \\
\qquad \left(1 - 3\dfrac{R^2}{\rho^2}\right)\cos 2\varphi \\
\sigma_\varphi = -\dfrac{(\lambda+1)P}{2} \times \left(1 + \dfrac{R^2}{\rho}\right) + \dfrac{(1-\lambda)P}{2} \times \left(1 + 3\dfrac{R^4}{\rho^4}\right)\cos 2\varphi \\
\tau_{\rho\varphi} = -\dfrac{(1-\lambda)P}{2} \times \left(1 - \dfrac{R^2}{\rho^2}\right)\left(1 + 3\dfrac{R^2}{\rho^2}\right)\sin 2\varphi
\end{cases}
$$

$$(5-10)$$

式中　　σ_ρ——钻孔周围煤体任一点处的径向应力，MPa；

σ_φ——钻孔周围煤体任一点处的环向应力，MPa；

$\tau_{\rho\varphi}$——钻孔周围煤体任一点处的切向应力，MPa；

λ——侧压系数；

R——钻孔直径，m；

ρ、φ——钻孔周围煤体任一点的极坐标。

根据极坐标下的应力分量式求得钻孔周围煤体一点处的主应力的表达式：

$$
\begin{cases}
\sigma_1 = \dfrac{\sigma_\rho + \sigma_\varphi}{2} + \dfrac{1}{2}\sqrt{(\sigma_\rho - \sigma_\varphi)^2 + 4\tau_{\rho\varphi}^2} \\
\sigma_3 = \dfrac{\sigma_\rho + \sigma_\varphi}{2} - \dfrac{1}{2}\sqrt{(\sigma_\rho - \sigma_\varphi)^2 + 4\tau_{\rho\varphi}^2}
\end{cases}
\quad (5-11)
$$

式中　σ_1、σ_3——一点处的最大和最小主应力，MPa。

根据钻孔周围煤体一点处的主应力，采用摩尔-库仑屈服条件，代入式（5-13）得到钻孔周围煤体一点处的屈服条件：

$$
\frac{1}{2}\sqrt{(\sigma_\rho - \sigma_\varphi)^2 + 4\tau_{\rho\varphi}^2} = C\cos\varphi - \frac{1}{2}(\sigma_\rho + \sigma_\varphi)\sin\varphi
$$

$$(5-12)$$

式中 C——为煤体内聚力，MPa；

φ——煤体内摩擦角，（°）。

将式（5–12）代入式（5–14）中经过推导，得出钻孔周边煤体塑性区也即塑性区的边界线方程：

$$a + b\frac{\rho^2}{R^2} + c\frac{\rho^4}{R^4} + d\frac{\rho^6}{R^6} + e\frac{\rho^8}{R^8} = 0 \qquad (5-13)$$

式中 $a = 9(1-\lambda)^2$;

$b = 6(1-\lambda^2)\cos2\varphi - 12(1-\lambda)^2$;

$c = (1+\lambda)^2 + 10(1-\lambda)^2\cos^2 2\varphi - 2(1-\lambda)^2\sin^2 2\varphi - 4(1-\lambda^2)\cos2\varphi - 4(1-\lambda^2)\cos^2 2\varphi\sin^2\varphi$;

$d = 4(1-\lambda)^2(\sin^2 2\varphi - \cos^2 2\varphi) + 2(1-\lambda^2)\cos2\varphi - 4\frac{C}{P}(1-\lambda)\sin2\varphi\cos2\varphi - 4(1-\lambda^2)\cos2\varphi\sin^2\varphi$;

$e = (1-\lambda)^2 - 4\frac{C^2}{P^2}\cos^2\varphi - (1+\lambda)^2\sin^2\varphi - 2\frac{C}{P}(1+\lambda)\sin2\varphi$。

由式（5–15）可知，钻孔周围煤体塑性区分布受煤体所受垂直应力 P、侧压系数 λ、钻孔直径 R 及煤体的内聚力 C 和内摩擦角 φ 的影响。由于煤体的内聚力 C 和内摩擦角 φ 属于煤体自身赋存性质，属于不可控因素，因此分别根据官板乌素煤矿煤层力学性质，分析孔径大小和工作面超前应力对钻孔周围煤体塑性区分布规律的影响。

5.2.3 大直径预裂钻孔塑性区分布的影响因素

1. 孔径大小对大直径预裂钻孔塑性区分布的影响

根据 611 工作面煤层性质和赋存条件，取煤体的内聚力 $C = 2.5$ MPa、内摩擦角 $\varphi = 20.5°$、所受垂直应力 $P = 6.25$ MPa 以及侧压系数 $\lambda = 0.6$，取钻孔直径分别为 100 mm、120 mm、150 mm、180 mm、200 mm 和 250 mm，根据塑性区边界方程，计算钻孔直径取不同值时塑性区的最大半径大小及其所在方向，计算结果见表 5-1。

表 5-1　不同钻孔直径塑性区参数计算结果

钻孔直径/mm	钻孔塑性区最大半径/m	塑性区最大半径方向与水平方向的夹角/(°)
100	0.20	42.5
120	0.22	42.5
150	0.26	42.5
180	0.29	42.5
200	0.34	42.5
250	0.39	42.5

将各参数代入塑性区边界方程，绘制钻孔直径取不同值时的塑性区边界图，如图 5-13 所示。

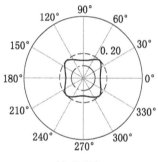

(a) R=100 mm

(b) R=120 mm

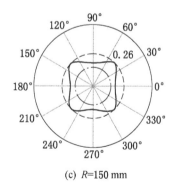

(c) R=150 mm

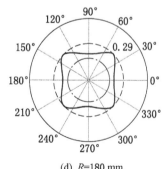

(d) R=180 mm

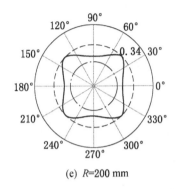

(e) *R*=200 mm

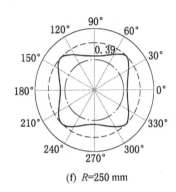

(f) *R*=250 mm

图5-13 钻孔塑性区边界随钻孔孔径变化

由表5-1及图5-13可知，随着钻孔直径的增大、塑性区最大半径增大，其所在方向与水平方向的夹角均为42.5°，保持恒定，塑性区边界形态保持X形不变。当钻孔直径为100 mm时，塑性区最大半径为0.20 m，相对钻孔直径增幅为2倍，当钻孔直径为120~250 mm时，增幅分别为1.8~1.56倍，呈减小趋势，钻孔直径增加对塑性区半径扩展增幅降低，当钻孔直径达到250 mm时，钻孔塑性区最大半径达到0.39 m。

2. 超前支承应力对大直径钻孔塑性区影响

工作面回采后，上覆岩层自重由新的支撑体系支撑，采场周围煤岩体应力重新分布，工作面前方煤体中的垂直应力称为工作面超前支承压力，巷道两帮煤体中的垂直应力称为侧向支承压力，如图5-14所示。

随着工作面的推进，当煤体所受的垂直应力大于其单轴抗压强度时，煤体发生破坏，垂直应力峰值向煤体深部转移。工作面开采过程中，超前支承压力与侧向支承压力在工作面超前区域巷帮煤体形成叠加，叠加后支承压力的应力集中系数可达5~6，两者支承压力影响范围、应力峰值大小和峰值位置直接影响钻孔围岩的应力塑性区状态。预裂钻孔经历工作面推进采动影响阶段直

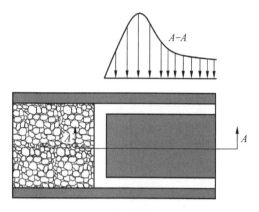

图 5-14 回采工作面超前支承压力分布图

至到达支架上方全过程，结合理论分析和数值模拟分析工作面推进过程中随着应力集中系数 K 的变化对钻孔预裂的效果影响。

同上取煤体的内聚力 C = 2.5 MPa、内摩擦 φ = 20.5°、孔径大小 R = 150 mm，当煤体所受垂直应力 P 取表 5-2 所示大小时，根据大直径钻孔塑性区边界方程，计算垂直应力取不同值时塑性区的最大半径大小及其所在方向，计算结果见表 5-2。

表 5-2 不同垂直应力条件下大直径钻孔塑性区参数计算结果

煤体所受垂直应力/MPa	应力集中系数	钻孔塑性区最大半径/m	塑性区最大半径方向与水平方向的夹角/(°)
6.25	1	0.24	3
9.37	1.5	0.29	12
12.50	2	0.35	35
15.62	2.5	0.40	41
18.75	3	0.58	45

由表 5-2 可知，当煤体所受垂直应力为 6.25 MPa 时，塑性区最大半径为 0.24 m，其所在方向位于水平方向，塑性区边界

呈椭圆形分布；随着垂直应力增大，由表 5-2 可知，塑性区最大半径增大，且其所在方向与水平方向夹角增大，塑性区边界开始呈现 X 形分布；当垂直应力增大到 12.50 MPa 时，塑性区最大半径为 0.35 m，其所在方向与水平方向夹角达到最大值 35°；随着垂直应力的继续增大，塑性区最大半径增大，但其所在方向与水平方向夹角逐渐增加，此时塑性区边界呈现 X 形分布。

采用 FLAC3D 数值模拟软件进行分析，模型尺寸为 1 m× 1 m×1 m，钻孔直径为 150 mm（图 5-15），采用摩尔-库仑本构模型进行数值计算。模型底部边界垂直约束，上部及四周分别施加等效载荷模拟水平应力和垂直应力，其中 $\gamma = 25$ kN/m^3、$H = 250$ m，模型上部表面施加等效载荷为表 5-2 中的垂直应力，水平应力等效为该埋深条件下原岩应力。

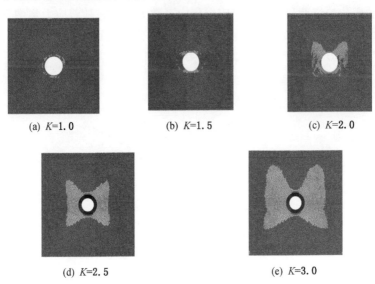

(a) K=1.0　　　　(b) K=1.5　　　　(c) K=2.0

(d) K=2.5　　　　　　　(e) K=3.0

图 5-15　钻孔塑性区范围随应力集中系数 K 的变化

由图 5-15 可知，随着应力集中系数的增加，圆形钻孔围岩塑性区的分布形状逐渐由圆形-椭圆形-X 形转变。当应力集中系数为 1、1.5 时，塑性区由圆形逐渐向近椭圆形过渡，且塑性范围明显增加，最大破坏位置发生在钻孔中部两侧；当应力集中系数为 2、2.5、3 时，塑性区呈近似 X 形分布，最大破坏位置发生在钻孔上部左右两侧，中部两侧的破坏深度次之，下部塑性区发育较慢。

从钻孔围岩塑性区的分布范围来看，理论分析与数值模拟结果表明：随着应力集中系数的增大，垂直方向的塑性区逐渐增大，水平方向的塑性区逐渐减小。当应力集中系数大于 1 时，垂直方向的塑性区半径小于水平方向的塑性区半径。说明双向不等压载荷作用下，较大载荷方向的塑性区尺寸小于较小载荷方向的塑性区尺寸，塑性区的最大位置发生在钻孔上部偏向较小载荷一侧。图 5-16 中不同角度处巷道围岩塑性区半径随应力集中系数的变化快慢明显不同。当应力集中系数大于 1 时随着应力集中系数的增加，与水平方向呈 15°~45° 范围内塑性区半径增加较快，与水平方向呈 0°~15° 时塑性区半径增加较缓。

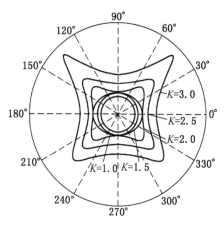

图 5-16　$K>1$ 时钻孔塑性区分布图

综上所述，结合官板乌素煤矿煤体力学性质和赋存，对不同大直径钻孔围岩塑性区与钻孔直径及超前支承压力的研究，可知随着钻孔直径的增大，塑性区不断扩大，但相对钻孔直径增幅逐渐减小，在经历工作面前方支承压力作用后，塑性区最终半径扩展为原钻孔直径的 3~4 倍。但设计钻孔预裂直径时，不能盲目地增加钻孔直径，应尽量减少钻孔巷道围岩变形量，综合考虑技术因素和经济因素确定钻孔尺寸为 150 mm。

5.2.4 大直径预裂钻孔布置与参数

1. 大直径预裂钻孔布置方式

由于顶煤厚度较大，为了有效提高顶低冒放区域顶煤弱化效果，增加预裂钻孔在顶煤冒放区域密度，决定采用三层布孔（图5-17），1、2、3 排钻孔分别沿工作面顶板布置回风巷道实体煤侧以一定角度全部打入顶煤区域。为了方便打孔，孔底距巷道底板不少于 1.2 m，巷道断面尺寸为 4.5 m×3.5 m，决定 1 排钻孔距底板 1.5 m、2 排钻孔距底板 2.5 m、3 排钻孔距底板 3 m。

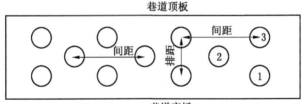

图 5-17　工作面回采巷道实体煤侧钻孔布置示意图

2. 大直径预裂钻孔的倾角与孔深

大直径钻孔钻进方向与工作面夹角对顶煤预裂效果影响显著，合理的钻进方向可显著提高顶煤冒放性。裂隙方位匹配弱化顶煤是利用岩石受围压作用容易产生 X 形剪切裂隙和受单向压缩容易产生与加压方向平行的张拉破坏的原理，将不发育的次主裂隙方位与工作面方位近于平行或者小角度相交，而主裂隙方位与工作面方位近于垂直或大角度斜交，从而实现密度大的主裂隙张裂，密度小的次裂隙加密，减少大块率，提高顶煤的放出率。

由岩石强度理论知，岩石在围压作用下容易出现 X 形剪切裂隙，裂隙面与最小主应力的夹角 $\alpha = 45° + \varphi/2$，如图 5-18 所示。当岩石单向受压时，特别是微裂纹方向与主应力方向平行时，容易发生拉伸破坏。岩体内若存在一组裂隙时，其强度有明显的各向异性，当加载方向与裂隙面垂直时，其强度最高，当加载方向与裂隙面呈（$45° - \varphi/2$）时，其强度最低，即很容易从裂隙面破断。

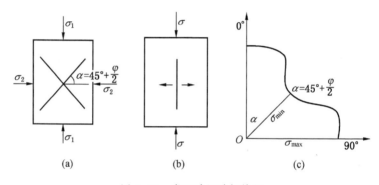

图 5-18 岩石受压破坏特征

由此可知，在只有单组裂隙的条件下，裂隙方位与工作面平行时，顶煤放出率最高；裂隙方位与工作面垂直时，顶煤放出率最低；裂隙方位与工作面斜交约 45°时，顶煤放出率介于两者之间，其原因与图 5-18 所示相同。

因此为了提高顶煤冒放率，基于岩石强度理论，将大直径钻孔钻进方向与工作面推进方向平行，有利于顶煤冒放性的提高，因此要确定工作面钻孔方向工作面平行（图 5-19）。

基于对 611 特厚煤层综放工作面沿工作面倾向冒放性分区可知，主要顶煤预裂区为工作面顶煤两侧顶煤冒放性低的 32.5 m 范围内；由 5.1 节顶煤沿工作面垂直方向冒放性分析可知，顶煤在顶部和底部冒放性较好，中部冒放性最差，顶煤厚度在 2 m 左

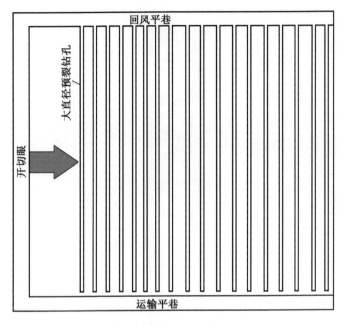

图5-19 大直径预裂钻孔布置俯视图

右时，顶煤破坏危险性系数较大。因此，综合611特厚煤层工作面顶煤冒放性强弱差别，结合错层位巷道布置方式及钻孔钻进方向与工作面平行，确定大直径1排、3排预裂钻孔终孔位置分别位于中位顶煤与高低位顶煤交界处，2排预裂钻孔终孔位置位于中位顶煤中部，根据平面几何作图（图5-20），可确定中低高位钻孔俯角为3°，钻孔长度约为109 m。

3. 大直径预裂钻孔间距数值模拟研究

1）建立模型

根据官板乌素煤矿611综放工作面实际工程地质条件，模型尺寸建立为260 m×150 m×80 m，模型建立时煤层上部岩层厚50 m、煤层下部岩层厚20 m，模型上部至地表岩层按照岩柱自重换算为均布载荷5 MPa加在模型上部。建立模型共110250个

135

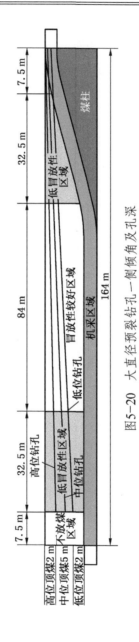

图5-20 大直径预裂钻孔一侧倾角及孔深

单元、118715 个节点，其立体模型如图 5-21 所示。

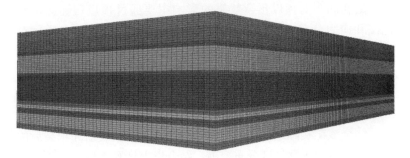

图 5-21　数值模拟模型

　　计算时采用摩尔-库仑（Mohr-Coulomb）屈服准则，综合 611 工作面的岩层观测和井下现场工程地质调查，得到 611 工作面附近基本顶岩体的 RMR 值，采用 Hoek-Brown 法对岩石物理力学参数进行工程处理，用于下文的数值计算分析，所用参数见表 5-3。

表 5-3　数值计算采用岩体力学参数

岩层岩性	内聚力/ MPa	内摩擦角/ （°）	抗拉强度/ MPa	弹性模量/ GPa	体积模量/ GPa	容重/ （kg·m^{-3}）
细砂岩	24.13	29.4	1.29	38	5.58	2700
粗砂岩	12.87	30.3	1.6	27	4.23	2560
泥岩	12.77	30.4	0.55	7.5	3.36	2630
6 号煤层	5.94	31.8	0.5	5.3	2.45	1459
泥岩	12.77	30.3	0.55	7.5	3.36	2392
粗砂岩	12.87	30.4	1.6	27	4.23	2507
泥岩	12.77	30.3	0.55	7.5	3.36	2392
炭质泥岩及煤	12.77	30.4	1.6	27	3.36	2507

2）计算方案的设计

钻孔间距对顶煤预裂效果的影响主要通过顶煤塑性区发育范围和应力分布区域来体现，在 FLAC 数值模拟软件中通过对不同预裂钻孔间距条件下顶煤塑性区及应力分布的模拟，反映钻孔间排距对顶煤劣化效果的影响，从而选择最优的钻孔间排距。

3）钻孔间距对工作面顶煤塑性区分布影响研究

结合该矿实际地质条件，讨论钻孔间距对预裂前和预裂后的工作面前方顶煤塑性区分布范围，结合以上钻孔参数，对不同钻孔间距进行了模拟，从而确定出合理的钻孔间距。通过对比分析预裂前与预裂后的钻孔间距依次为 5 m、4 m、3 m、2 m 和 1 m 时沿工作面推进方向顶煤的破坏演化规律，从中得出最优的钻孔间距。在工作面前方顶煤方向范围内布置不同排距的钻孔，不同钻孔间距下顶煤塑性分布如图 5-22 所示。

由图 5-22 可知，工作面开挖后，工作面前方煤体塑性区多呈现正梯形分布，沿工作面推进方向，顶煤发生剪切破坏范围小于机采部分，在无顶煤弱化措施辅助下，工作面推进 50 m 后，工作面煤壁前方顶煤塑性区范围在 3~5 m，在矿压作用下坚硬顶煤发生破坏范围有限，极不利于顶煤冒放。在工作面前方以 5 m 间距布置大直径预裂钻孔，工作面推进到相同位置后，煤壁前方顶煤塑性区较无预裂钻孔布置前并无较大变化，塑性区沿走向分布范围在 4~5 m 内，分析其原因为各钻孔间距离较远，各钻孔预裂范围无法形成有效的重叠或相连贯通，无法扩大钻孔预裂范围，各钻孔孤立条件下对顶煤预裂效果较差。

当预裂钻孔间距以 3~4 m 布置时，煤壁前方塑性区范围为 5~10 m，预裂钻孔仍无法实现对顶煤有效预裂，只有局部钻孔在超前支承应力作用下发生预裂并相互作用贯通。当预裂钻孔布置间距为 1~2 m 时，煤壁前方塑性区范围显著扩展，当钻孔间

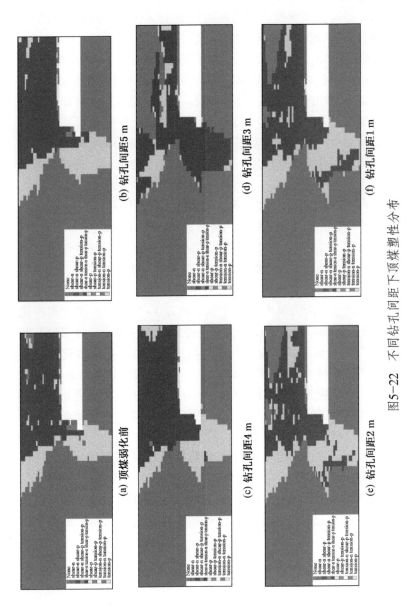

图5-22　不同钻孔间距下顶煤塑性分布

距为 2 m 时, 煤壁前方塑性区范围为 15 ~ 18 m; 当钻孔间距为 1 m时, 煤壁前方塑性区范围为 18 ~ 20 m。

综上可知, 通过对顶煤实施大直径预裂钻孔, 当钻孔间距为 1 ~ 2 m 时, 顶煤前方塑性区发育范围较无弱化措施前增加 3 倍左右, 顶煤塑性区扩展范围显著增加; 当预裂钻孔以 2 m 间距布置时, 塑性区发育范围较 3 ~ 5 m 时显著增加; 但随着预裂钻孔间距逐渐缩小, 增幅逐渐减弱, 1 ~ 2 m 范围内随着钻孔间距增加时塑性区范围并无显著扩展, 可知钻孔间距为 2 m 时, 顶煤预裂效果技术经济效益最佳。

4) 钻孔间距对工作面顶煤应力分布影响研究

不同钻孔间距下顶煤应力分布如图 5-23 所示。

由图 5-23 可知, 工作面前方应力集中区域出现在煤壁左上方, 且随着预裂钻孔密度的增加, 逐渐向煤壁深处移动。预裂钻孔间排距为 3 ~ 5 m 时, 预裂钻孔对顶煤劣化效果较差, 煤体强度降低较小, 应力集中区域在煤壁前方 5 ~ 9 m 处, 应力集中值达到 18.95 MPa, 支承应力分布范围约为 30 ~ 50 m。预裂钻孔间排距为 1 ~ 2 m 时, 随着钻孔密度增加, 对顶煤损伤劣化程度显著增加, 煤体弱化效果显著, 应力峰值点距煤壁前方为 10 ~ 15 m, 支承应力分布范围为 35 ~ 60 m。顶煤弱化后较弱化前顶煤应力峰值距煤壁距离增加了 3 倍左右, 煤体强度显著降低, 支承应力分布范围明显增加。

综上所述, 综合理论分析和数值模拟研究成果, 针对 611 工作面坚硬顶煤弱化提出大直径钻孔顶煤预裂技术, 确定顶煤钻孔直径为 150 mm, 1 排、2 排、3 排钻孔长度为 109 m; 钻孔俯角为 3°, 钻孔方向垂直于工作面推进方向, 钻孔间距确定为 2 m。

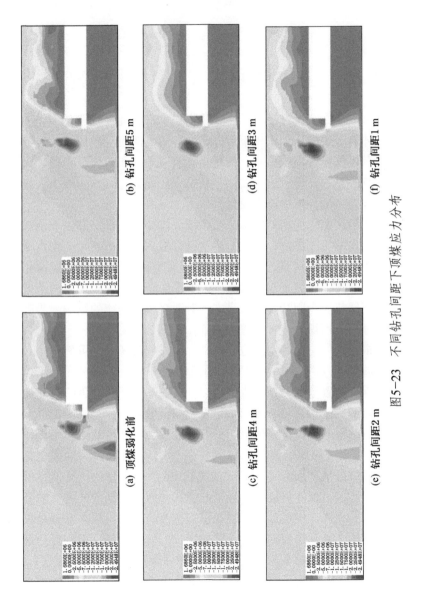

图5-23　不同钻孔间距下顶煤应力分布

6 工作面回采工艺优化研究

基于5.2节大直径钻孔顶煤弱化技术将坚硬顶煤弱化，坚硬顶煤才能在矿山压力作用下破碎成具有冒放性流动散体煤。但流动性散体煤能否高效回收，仍然受到放煤方式和放煤步距等因素的影响，采取合理有效的放煤步距结合放煤工艺方式，能大大提高顶煤放出量，减少放煤损失。

我国目前使用相似模拟试验和数值模拟试验来研究松散顶煤控制放出的相关参数，因此，本章以官板乌素煤矿611工作面地质和生产条件为背景，使用相似模拟试验和PFC2D数值模拟相结合的方式，研究官板乌素煤矿611工作面在3.5 m采高的条件下，不同放煤步距和不同放煤方式对顶煤放出规律的影响，为确定合理的放顶煤工艺参数奠定基础。

根据顶煤垮落的空间位置不同，顶煤放落区分为可放区Ⅰ和不可放区Ⅱ（图6-1）。可放区是反映打开支架放煤口，能滚落到放煤口位置范围的顶煤煤体区域，一般是煤矸安息角以内（近放煤口一侧）的区域；不可放区是指打开放煤口，始终不能落到放煤口范围的顶煤煤体区域，一般此区域为煤矸自然安息角以外（靠采空区一侧或远离放煤口一侧）。对于可放区内，放煤损失主要是煤矸混杂损失（即混矸损失），因放煤过程中不可能见矸就关门停放，也不可能不见煤全矸停放，为了限制含矸率，总要损失部分顶煤。不可放区的顶煤损失包括两部分：第一部分是煤矸安息角之外靠采空区内的垮落顶煤，一般有放煤口至底板的落煤损失，或后部输运机中部槽至底板的浮煤损失；放煤步距过大，垮落后滞留在采空区的落煤损失；以及顶煤悬臂垮落滞后的落煤损失。第二部分是开天窗式放煤支架的架间天窗之间的脊背损失。

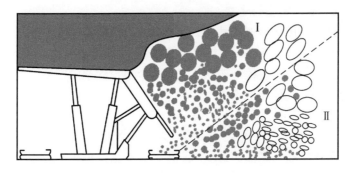

图 6-1　放煤损失示意图

由此分析，影响放煤损失的主要因素有：受放煤方式影响的煤矸混杂区的形成时间和空间形态；顶煤顶板的垮落形式和块度；支架选型和放煤步距。对于放煤损失，应认真研究不同条件下的放煤规律，采取合理有效的放煤工艺方式，能大大减少放煤损失。

6.1　特厚煤层综放放煤步距优化相似模拟试验研究

6.1.1　散体模型试验研究的基本原理

放顶煤工作面的顶煤在支架的反复支撑和超前支承压力的作用下，到达放煤口时，已变成了破碎松散的块体，破碎顶煤块体的粒径大小与上覆岩层运动和煤体本身的力学性质有关。同样，顶煤上方的直接顶在支承压力和基本顶的回转变形压力作用下，当运移至放煤口上方位置时，也已变为松散的块体，如放煤口关闭不适宜，矸石会与顶煤一起放落，增加了放出顶煤的含矸率。故采用不同粒径和颜色的石子，来模拟处于松散破碎状态的顶煤和直接顶。随时间的延长，其放煤口上方的破碎块体区域也不断叠加，从而用整台散体模型来模拟顶煤的垮落和放出过程，而不考虑支架前方顶煤为实体煤介质。

6.1.2 散体模型的建立

试验所用模型架尺寸为长 120 cm、宽 8 cm，现场所用放顶煤支架的宽度为 1.5 m。综合考虑研究内容及铺设的模型尺寸，减少边界效应，使模型架的宽度为两个模拟支架的宽度，因此模型与原型的几何相似比为

$$C_1 = \frac{8}{300} = 1 : 37.5$$

基于官板乌素煤矿实际回采参数，本次模拟机采高度和放煤高度分别为 3.5 m 和 9 m，分别模拟放煤步距为一采一放、两采一放和三采一放的放煤效果。模型中顶煤的上、中、下层位分别取其厚度的 1/3，直接顶的上、下层位分别取其厚度的 1/2。模拟试验对应在模型中尺寸见表 6-1 和表 6-2。

表6-1　相似材料顶煤模拟试验方案

方案	层位		原型		模型	
			厚度/m	块度/mm	厚度/cm	块度/mm
模型一	顶煤	上位	3	740	8.3	20
		中位	3	687	8.3	18
		下位	3	830	8.3	31
模型二	顶煤	上位	3	740	8.3	20
		中位	3	830	8.3	18
		下位	3	687	8.3	31
模型三	顶煤	上位	3	740	8.3	20
		中位	3	687	8.3	18
		下位	3	830	8.3	31

表6-2 相似材料顶板模拟试验方案

层位		原型		模型	
		厚度/m	块度/mm	厚度/cm	块度/mm
直接顶	上位	1.4	825	3.7	22
	下位	1.4	950	3.7	25
基本顶		5.9	1200	15.7	32

试验过程中，模型两边各留8cm来效除边界效应，工作面机采高度为3.5m。采煤机每刀有效进尺0.6m，对应在模型中为1.6cm。并考虑到支架的控顶距，模型有效放煤试验长度为90cm，除去初采损失和放煤步距的过渡长度，3种放煤步距各试验放煤次数7次。

根据所模拟的放煤工艺开采过程，把模型分为两部分即底部机采空间和其上方的顶煤空间，机采空间煤体不铺设。在采高水平上架设两根角钢，依据相似比例，其上铺设1.6cm宽的钢条，以模拟工作面采煤机截深。

试验方法：支撑顶煤的钢条宽度等于一个煤机滚筒截深，试验时每次前移支架一个进刀距，然后抽出一块钢条，模拟一采一放；若放煤步距为两采一放或三采一放，则重复移架、抽钢条直至达到放煤步距，使模型试验中顶煤的运移过程与现场动态过程相似。顶煤放落支架上，模拟支架尾梁上插板的抽动使顶煤放出。

放煤模拟过程：①安设放煤支架，即把支架安放在模型下部的采高空间中；②安插好挡板，把支架后方（采空区）空间密封；③把支架尾梁及放煤口位置上方的钢板抽出，让顶煤放落；④打开支架窗口，把顶煤放出；⑤放矸率为1%（放出矸石质量占放煤步距上方顶煤质量的百分比）时关窗口；⑥前移放煤支架，移架步距为采煤机的一个进刀距；⑦抽出一个支架上方护顶煤钢板（两采一放重复一次⑥~⑦，三采一放重复两次⑥~⑦）；⑧打开放煤窗口放煤，放矸率为1%（放出矸石质量占步距上方顶煤的总质量比）时关窗；重复⑥~⑧的过程。

通过用电子天平称取所放煤及矸石质量得到模拟试验中顶煤放出率的情况。试验过程中观测顶煤及散落矸石的移动和放出规律，分析移架过程中支架后上方顶煤的下落过程和放煤过程中顶煤的流动与放出过程两个阶段的煤矸分界线和流动边界线特征，掌握不同放煤工艺参数下的煤矸流动场形态。

6.1.3 放煤步距优化

合适的放煤步距，对提高采出率、降低含矸率是至关重要的。放煤步距太大，顶煤就有可能窜入采空区，造成丢煤；放煤步距太小，矸石容易混入窗口，不仅影响煤质，而且使操作者误认为煤已放尽，造成操作上的丢煤。确定循环放煤步距的原则是，应使放出范围内的顶煤能够充分破碎和松散，并做到提高顶煤放出率，降低含矸率。合理放煤步距应与采煤工艺相适应，并与采煤机截深成整数倍关系。合理确定放煤步距可以使混矸和煤损都减少到允许的范围之内。

1. 放顶煤开采循环作业中煤矸流动形态研究

在每个作业循环中，移架和放煤两道工序循环使顶煤产生运移，移架后和放煤后的煤矸流动形态线条如图 6-2 所示。图中分

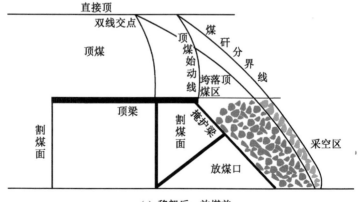

(a) 移架后，放煤前

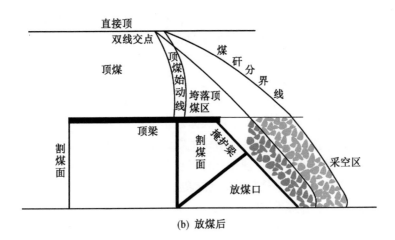

(b) 放煤后

图 6-2 煤矸流动标记示意图

别标记了移架后（放煤前）和放煤后的煤矸分界线与顶煤始动线（简称双线）形态、位置的变化。模型模拟了一采一放、两采一放和三采一放 3 种不同放煤步距的放煤，在移架放煤过程中，双线以基本相似的形态逐步前移，同时伴随着放煤步距的加大，双线前移的间隔也逐渐增加，整个试验中双线变化情况如图 6-3 所示。

图 6-3 煤矸分界线和顶煤始动线变化图

在每个放煤循环中，顶煤经过两次有规律的流动。第一次是移架后顶煤较大幅度的下落，此时，双线交点、煤矸分界线和顶煤始动线快速前移，由于顶煤未放，松散区域大，顶梁水平上双线间距较大，同时也因此导致双线交点超前尾梁距离小。顶煤另一次流动是随放煤口顶煤放出其上煤矸的随动流动过程，此时，随着松散煤体的放出，煤矸分界线进一步往前移动，煤矸分界线的整体斜率减小，同时在松散煤体放出的影响下，顶煤产生位移的范围进一步增大，顶煤始动线也继续前移，但由于支架顶梁对上部煤体的约束作用，使得顶煤产生位移的范围受到限制，双线前移距离较小，尤其是双线交点位置变化不大，存在零位移的现象。放煤结束后，顶煤松散区域变小，顶梁水平上双线间距继而减小。

2. 放煤效果分析

试验过程中不同步距放煤结束关窗时的放煤口附近煤矸混合体状态主要有 3 种情况，如图 6-4 所示。

(a) 一采一放

(b) 两采一放

(c) 三采一放

图 6-4　不同放煤步距放煤口附近煤矸混合体状态

图 6-4a 为一采一放条件下，放煤初采空区方向的矸石先于上部顶煤到达放煤口，放出煤体时很快见矸，放煤前放煤口的煤矸分界线超前于尾梁下部边界，在顶煤放落过程中，致使一部分中上位顶煤被矸石和尾梁包夹而不能放出。此时，矸石从窗口下部斜窜入放煤口，使得放出煤体中含矸率增加。

图 6-4b 为两采一放条件下，放煤初采空区方向的矸石先于上部顶煤到达放煤口，放出煤体时很快见矸。放煤初采空区方向的矸石和上部顶煤几乎同时到达放煤口，放煤前放煤口煤矸分界线略落后于尾梁下部边界，采空区矸石在水平方向上的运移较小，在顶煤放出过程中，煤体能够顺利到达放煤口。随着下部和中部顶煤的放落，煤体上方的矸石也随之下落，在上部顶煤放出的过程中出现混矸，此时混合矸石主要来源于煤体上部，随着上部顶煤的放出而窜入放煤口。

图 6-4c 为三采一放条件下，放煤初采空区方向的矸石先于上部顶煤到达放煤口，放出煤体时很快见矸。放煤初上部顶煤先于采空区方向的矸石到达放煤口，放煤前放煤口的煤矸分界线明显落后于尾梁下部边界，采空区矸石不能接近放煤口。放煤条件下，掩护梁倾角变大、放煤口过煤高度增大，在放煤过程中，放煤口上部顶煤能够快速地放出，顶煤上部的矸石也随之快速下落，此时放煤口采空区侧煤矸自然安息角的煤体因不能向放煤口

滑移而不能放出，导致形成步距损失，顶煤放出率降低。

放煤步距不同时，放煤口上方顶煤量、煤矸分界线及顶煤层位分界线的斜率均不同，导致放煤时煤与矸石的运移、放出规律和混矸程度都有变化。官板乌素煤矿 611 工作面综放开采不同放煤步距下顶煤放出率和含矸率试验结果见表 6-3。表 6-3 中含矸率为放出的顶煤中含有矸石质量所占的百分比，表示放出顶煤的混矸程度；放矸率指放出顶煤中矸石的质量占每个放煤步距上方顶煤质量的百分比，表示放煤口的绝对放出矸石质量（放煤步距上方顶煤量为 17.856 kg）。

表 6-3　不同放煤步距下顶煤放出率和含矸率试验结果

序号	步距/m	放煤方式	顶煤放出量/kg	矸石含量/kg	顶煤放出率/%	含矸率/%	放矸率/%
1	0.6		11.93	1.64	66.83	12.08	9.18
2	0.6		14.84	0.67	83.12	4.32	3.75
3	0.6		13.46	1.90	75.41	12.35	10.63
4	0.6	一采一放	15.83	1.05	88.67	6.20	5.86
5	0.6		11.86	1.55	66.45	11.54	8.67
6	0.6		11.96	1.41	67.02	10.53	7.89
7	0.6		15.10	1.25	84.56	7.62	6.97
小计或平均			94.98	9.47	76.01	9.23	7.56
1	1.2		31.89	2.08	85.00	6.12	5.54
2	1.2		33.53	2.64	89.38	7.31	7.05
3	1.2		26.70	0.86	71.17	3.12	2.30
4	1.2	两采一放	27.10	1.07	72.24	3.80	2.85
5	1.2		26.37	1.22	73.11	4.42	3.25
6	1.2		30.79	1.74	82.10	5.36	4.65
7	1.2		31.65	2.06	84.38	6.12	5.50
小计或平均			208.03	11.67	79.63	5.18	4.45

表6-3(续)

序号	步距/m	放煤方式	顶煤放出量/kg	矸石含量/kg	顶煤放出率/%	含矸率/%	放矸率/%
1	1.8		31.55	0.77	58.91	2.37	1.43
2	1.8		46.44	2.37	86.21	4.87	4.44
3	1.8		34.32	3.13	36.36	8.36	5.84
4	1.8	三采一放	54.68	3.71	100.40	6.35	6.92
5	1.8		30.87	4.20	56.37	11.98	7.84
6	1.8		39.79	3.28	72.26	7.62	6.13
7	1.8		40.11	3.22	72.44	7.43	6.01
小计或平均			277.76	20.68	68.99	7.00	5.52

不同放煤步距下工作面采出率及含矸率对比见表6-4。数据显示：当步距为0.6 m时，顶煤的平均顶煤放出率为76.01%，含矸率为9.23%。当步距为1.2 m时，顶煤的平均顶煤放出率为79.63%，含矸率为5.18%。当步距为1.8 m时，顶煤的平均顶煤放出率为68.99%，含矸率为7.00%。

表6-4 不同放煤步距下工作面采出率及含矸率对比

序号	步距/m	放煤方式	采出率/%	含矸率/%
1	0.6	一采一放	76.01	9.23
2	1.2	两采一放	79.63	5.18
3	1.8	三采一放	68.99	7.00

根据各个步距的平均放煤效果，可以求出611工作面在步距为0.6 m、1.2 m和1.8 m时的采出率：

$$k = \frac{h_1 \times f_1 + h_1 \times f_2}{h_1 + h_2} \qquad (6-1)$$

式中　k——采出率,%；

h_1——机采高度，m；

h_2——放煤高度，m；

f_1——机采煤采出率，取98%；

f_2——顶煤放出率，%。

故由表6-4可知，611工作面的最佳放煤步距为1.2 m，即两采一放。

6.2 特厚煤层综放放煤步距 PFC2D 仿真模拟研究

6.2.1 PFC2D 模拟软件简介

PFC2D（Particle Flow Code in 2 Dimension）软件适用于研究颗粒集合体的破裂和破裂发展问题以及大位移的颗粒流问题，二维颗粒流程序PFC2D是通过离散单元方法来模拟圆形颗粒介质的运动及其相互作用，采用PFC2D模拟固体力学和颗粒流复杂问题有非常有效的效果。

本文利用PFC2D模拟官板乌素煤矿12.5 m特厚煤层放顶煤开采顶煤流动规律及垮落情况，掌握顶煤流动、损失规律及顶煤流动过程，分析顶煤的损失区域，为相关措施的制定及进一步提高顶煤采出率提供保障。

6.2.2 数值模拟参数确定

结合官板乌素6号煤层的赋存特点，建立数值模拟模型，在数值模拟中，研究煤层厚度在12.5 m情况下，煤矸流动规律。采高取3.5 m、直接顶的厚度取2.8 m、基本顶厚度取5.9 m、上覆岩层取15 m，根据观察顶煤块度分布规律，确定顶煤块度，具体煤岩体参数见表6-5。

表6-5 数值模拟采用煤岩体参数

层位	平均块（粒）径/m	厚度/m	孔隙率/%
基本顶	1.20	5.9	5
直接顶	0.89	2.8	5

表6-5(续)

层位	平均块(粒)径/m	厚度/m	孔隙率/%
上位煤层	0.69	3.0	5
中位煤层	0.83	3.0	5
下位煤层	0.74	3.0	5

6.2.3 数值模拟方案

模拟特厚煤层厚度为 12.5 m，机采高度为 3.5 m。依据放煤方式，以放煤步距为 0.6 m、1.2 m、1.8 m 和连续单轮多轮、间隔单轮多轮放煤工艺，分别模拟煤矸流场动态变化过程，分析顶煤的损失特征及采出率和含矸率。

放煤步距分别为一采一放、两采一放、三采一放时，顶煤流动状态以煤矸场的结构效应反映出煤矸流动规律。

在放煤步距为 0.6 m 情况下，随着放煤的进行，在首放煤期间，工作面煤岩分界线呈现漏斗状（图6-5a）。随着在下一循环继续放煤，由于放煤步距较小，上一次放煤过程中采空区内矸石距离放煤口较近，因此矸石容易垮落至放煤口，随着煤矸运移，而导致顶煤无法放出，造成顶煤损失。随着放煤的继续进行，由于采空区内矸石距离放煤口的距离增加，因此矸石无法运移至放煤口，此时顶煤放出量增加，而随着顶煤放完，随之放出矸石，关闭放煤口，因此此次放煤量较大。而随着煤层继续开采，下一次放煤过程中放出的矸石以采空区内矸石放出为主，因此顶煤放出量呈现"少—多—少"循环形式，而放煤口放出的矸石以"采空区矸石—顶部矸石—采空区矸石"循环形式（图6-5）。

当放煤步距为 1.2 m 时，在初始放煤时，顶煤垮落规律与放煤步距为 0.6 m 时差别不大，随着放煤的推进，在第二次放煤时，首先垮落至放煤口的矸石依然是来自采空区内矸石，但是从图 6-6 中可以看出，此时顶部矸石也垮落至距离放煤口较近位置，在下一次放煤过程中，后部矸石同顶部矸石近似同时垮落至

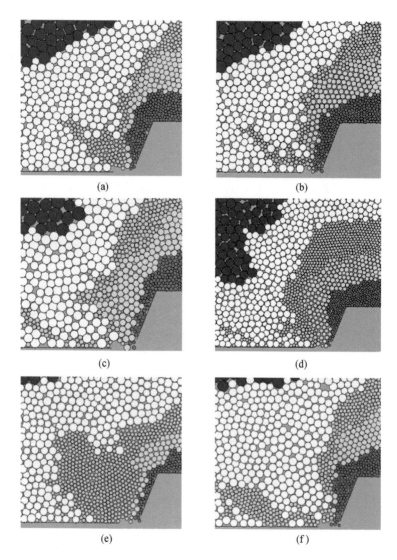

(a)　　　　　　　　　　(b)

(c)　　　　　　　　　　(d)

(e)　　　　　　　　　　(f)

图 6-5　0.6 m 放煤步距顶煤流动规律

放煤口，此时顶煤损失较小，而在后续放煤过程中呈现同样的循环规律。综合来看，由于放煤过程中，采空区内矸石和顶板矸石同时垮落至放煤口，因此顶煤损失较放煤步距为 0.6 m 时小。

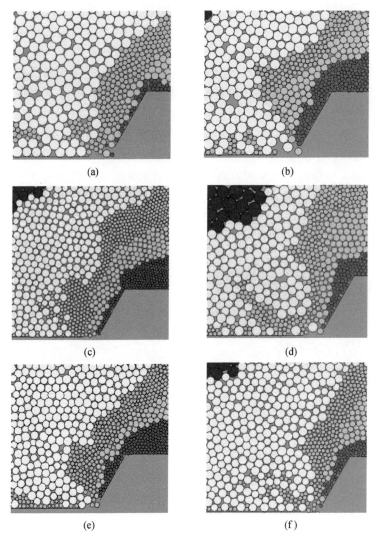

(a)　　　　　　　　　　(b)

(c)　　　　　　　　　　(d)

(e)　　　　　　　　　　(f)

图 6-6　1.2 m 步距顶煤流动规律

在放煤步距达到 1.8 m 时，放煤步距较大，首次放煤时，在放煤口后方由于煤无法滚落至放煤口，因此首次放煤煤损较大，在第二次放煤时，由于放煤步距较大，因此采空区内矸石抵达放煤口时顶部矸石已经达到放煤口，但是由于放煤步距较大，因此靠近采空区附近的矸石无法垮落抵达放煤口，残留在采空区内，随着继续推进，先抵达放煤口的矸石依然是顶板矸石，这样就导致采空区附近矸石留在采空区内，造成顶煤损失（图 6-7）。

通过对不同放煤步距顶煤流动规律的分析可知，顶煤在垮落过程中，不同放煤步距对顶煤流动规律影响较大。在不同放煤步距下，顶煤损失均呈现周期性损失；在较小放煤步距及较大放煤步距下，顶煤损失均较大，但是损失类型有所差异。根据数值模

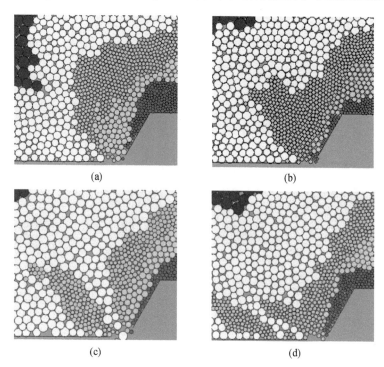

(a)　　　　　　　　　　　(b)

(c)　　　　　　　　　　　(d)

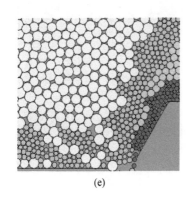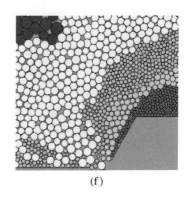

(e)　　　　　　　　　　　　(f)

图 6-7　1.8 m 步距顶煤流动规律

拟结果，对工作面顶煤采出情况及含矸率进行统计，表 6-6 为不同放顶煤的情况下的顶煤采出率和含矸率二者之间的关系。

从表 6-6 中统计结果可知，煤层厚度为 12.5 m 时，在放煤步距为 0.6 m 情况下，顶煤采出率平均 76.13%，含矸率平均 6.95%；当放煤步距为 1.2 m 时，顶煤采出率平均 79.88%，采出率较高，含矸率平均 5.62%；当放煤步距为 1.8 m 时，顶煤采出率平均 71.71%，含矸率平均 6.85%。由上述结果分析可知，在放煤步距为 1.2 m 情况下，顶煤采出率较高、含矸率较低，是较为合理的放煤步距。

通过上述研究可以得到：

（1）采用不同的放煤步距情况下，顶煤损失均呈现出周期性损失，由于顶煤较厚，顶煤的垮落过程较长，在顶煤垮落过程中，采空区矸石及顶板矸石均能够运动至放煤口，若同时抵达放煤口，顶煤采出率最高，否则顶煤损失均较大。

（2）特厚煤层放顶煤，由于顶煤厚度较大，矸石和顶煤垮落的时间较长，放煤步距较小时，由于采空区内矸石抵达放煤口时存在大量的上位顶煤未放出，因此见矸关窗会损失一大部分煤，此时允许部分矸石垮落，能够显著提高顶煤采出率。

表6-6 顶煤采出率与含矸率之间关系

放煤步距/m	序号	下位顶煤放出量/kg	中位顶煤放出量/kg	上位顶煤放出量/kg	矸石放出量/kg	下位顶煤采出率/%	中位顶煤采出率/%	上位顶煤采出率/%	放煤采出率/%	顶煤总体采出率(包括机采煤)/%	含矸率/%
0.6	1	8457.05	5062.18	3353.86	2324.87	101.04	60.48	40.07	67.20	75.08	12.11
	2	7334.63	6899.39	6629.04	763.41	87.63	82.43	79.20	83.09	88.89	3.53
	3	7493.66	6774.68	4716.49	2023.06	89.53	80.94	56.35	75.61	83.18	9.63
	4	8036.04	7389.87	6865.91	1317.39	96.01	88.29	82.03	88.78	93.33	5.58
	5	5607.07	6015.52	5072.22	1447.78	66.99	71.87	60.60	66.48	76.22	7.98
	6	6867.58	5016.14	4972.62	1329.38	82.05	59.93	59.41	67.13	76.74	7.31
	7	7414.15	7194.85	6637.41	542.54	88.58	85.96	79.30	84.61	90.22	2.49
	平均								76.13	83.38	6.95
1.2	1	16287.90	14236.44	12357.32	2810.04	97.34	85.08	73.85	85.42	88.93	6.15
	2	15178.50	15454.60	14497.47	3701.47	90.71	92.36	86.64	89.90	92.39	7.58
	3	16475.39	10652.23	9383.87	1002.07	96.07	63.66	56.08	71.94	78.72	2.70
	4	11828.56	12683.61	11756.61	1701.05	70.69	75.80	70.26	72.25	79.12	4.48
	5	12424.25	12929.59	11447.04	2166.59	74.25	77.27	68.41	73.31	79.89	5.56

表6-6（续）

放煤步距/m	序号	下位顶煤放出量/kg	中位顶煤放出量/kg	上位顶煤放出量/kg	矸石放出量/kg	下位顶煤采出率/%	中位顶煤采出率/%	上位顶煤采出率/%	放煤采出率/%	顶煤总体采出率（包括机采煤）/%	含矸率/%
1.2	6	18141.92	12174.93	10595.34	2667.05	108.42	72.76	63.32	81.50	85.89	6.12
	7	15046.31	14718.35	12840.90	3088.95	89.92	87.96	76.74	84.87	88.56	6.76
	平均								79.88	84.79	5.62
1.8	1	9441.85	6213.15	16528.27	705.15	70.25	45.58	60.23	58.69	68.89	1.57
	2	10819.65	14783.41	22300.12	4178.35	80.50	108.45	73.14	87.36	90.44	5.97
	3	9759.83	8265.90	16115.41	5018.14	72.62	60.64	53.85	62.37	71.61	9.65
	4	13392.66	13124.58	35054.27	4474.85	99.65	96.28	139.14	91.69	108.98	5.05
	5	8965.45	7566.40	15043.08	5259.28	66.71	55.50	50.78	57.66	68.08	10.80
	6	14071.84	8717.75	16146.43	4436.02	104.70	63.95	45.83	71.49	78.30	7.61
	7	9817.52	10694.19	19378.85	4333.18	73.05	78.45	66.67	72.72	79.45	7.33
	平均								71.71	80.82	6.85

（3）在顶煤厚度较大情况下，适当调整放煤步距，从而使得采空区侧矸石与顶板处矸石同时抵达放煤口，能够实现顶煤最大采出率。

（4）PFC2D 软件模拟的最佳放煤步距结果与散体模型试验的结果相同。

6.3 坚硬特厚煤层综放放煤工艺优化PFC2D仿真模拟研究

在不同的放煤工艺条件下，顶煤的垮落状态会有所差异，并影响顶煤垮落状态及顶煤回收情况，下面对 12.5 m 特厚煤层顶煤在单轮顺序、双轮顺序和三轮顺序放煤工艺条件下的顶煤损失规律进行研究。

采用顺序放煤时，将支架进行分组，其中每组 10 架支架，分为 4 组，组内顺序放煤，组间同时放煤，通过对 12.5 m 厚的煤层的不同放煤工艺的煤矸流动效果可以看出：采用单轮顺序放煤时，由于煤层较厚，单个支架要把支架上方的煤放完需要较长时间，同时由于煤矸流动容易将相邻支架上方的煤放出，并且垮落矸石在支架上方附近，因此在相邻支架放煤过程中容易很早就见矸，此时关闭放煤口就容易导致大量的煤没有放出，同样在下一支架放煤时出现同样状况，对煤的回收造成很大影响（图 6-8a）。采用双轮放煤时，第一轮放出 3/5 的煤量，第二轮放出 2/5 的煤量，采用两轮放煤加大了放煤工的工作量，但是从中可以看出，两轮放煤充分放出了顶煤，第一轮放煤过程中不会见矸，因此下一支架放煤时可以完全放出 3/5 的煤量，上一支架的放煤对下一支架的首轮放煤不会造成影响，保证第一轮放煤的顶煤放出效果；第二轮放煤时，由于放出全部顶煤，因此会出现单轮放煤的情况，矸石抵达放煤口，给相邻下一支架的放煤造成影响，但是由于经历过一轮放煤，支架上方的煤层已经较薄，并且随着第一轮放煤的进行，顶煤已经充分破碎，具有较好的流动性，顶煤的回收效果将比单轮放煤有较大提高，从图 6-8b 中可以看出顶煤的损失已经较少，取得了较好的放煤效果及顶煤回收效果。采用三轮顺序放煤时，三轮放煤分别放出 1/3，能够保证放煤工操作过程的连续性，在首轮及第二轮放煤过程中，放煤效果均较好，在第三轮放煤时，同样会出现相邻支架上方矸石会提前流动至放煤口，同单轮和双轮放煤出现的情况类似，但是由于此时只有 1/3 的煤量，因此对于煤量的采出率有所提高，从图 6-8c 中可以看出，此时顶煤损失已经相当少，保证了顶煤的采出率。

采用间隔放煤时（图 6-9），将工作面液压支架分组，组内将支架编号，1、2、3…组内间隔放煤，先放奇数号液压支架，然后放偶数号液压支架，组间平行作业。

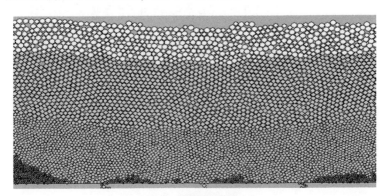

(a) 单轮顺序放煤

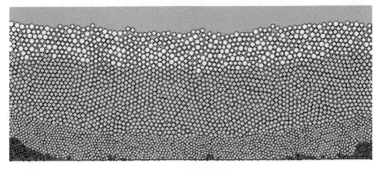

(b) 双轮顺序放煤

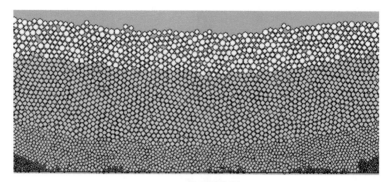

(c) 三轮顺序放煤

图 6-8　特厚煤层顺序放煤工艺煤矸垮落状态

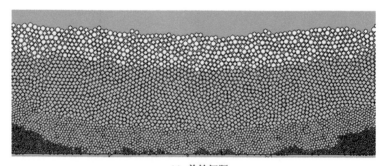

(a) 单轮间隔

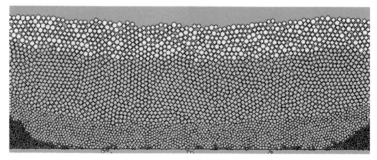

(b) 双轮间隔

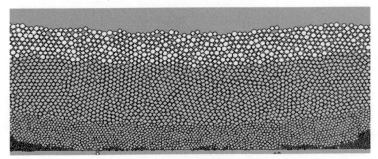

(c) 三轮间隔

图 6-9 特厚煤层间隔放煤工艺煤矸垮落状态

从图 6-9 中可以看出，采用两轮间隔和三轮间隔放煤都具有较少的顶煤损失，并且采用两轮放煤方式放煤的顶煤损失要高于三轮间隔放煤的放煤方式，在两轮间隔放煤情况下，顶煤在相邻组交接处还会出现周期性的顶煤损失，但是在三轮间隔放煤情况下，该类顶煤损失已经相当少，从模拟结果可以看出采用三轮间隔放煤的顶煤损失较少，大大提高了顶煤采出率。两轮间隔放煤方式和三轮间隔放煤方式均取得了较好的放煤效果。

不同的放煤方式下，随着放煤轮次的增加，顶煤采出率依次增高，但是工艺复杂程度也是依次增加，因此对于具体的工作面条件的放煤方式选择来说，应考虑好二者之间的平衡。

对于间隔放煤和顺序放煤，在放煤轮次较低的情况下，间隔放煤的顶煤采出率要高于同条件下的顺序放煤，主要体现在相邻组放煤支架间的顶煤损失，相邻组支架处为顶煤损失的集中处，呈现周期性损失，但是三轮放煤时，间隔放煤及顺序放煤顶煤损失均较小。

顶煤垮落过程中采用间隔放煤及顺序放煤时顶煤采出率如图 6-10 所示。

从图 6-10 中的对比可以看出，在不同的单轮放煤条件下，

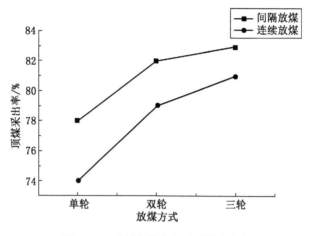

图 6-10　不同放煤方式下顶煤采出率

采用间隔放煤的顶煤采出效果要高于顺序放煤，但是随着放煤轮次的增加，顺序放煤和间隔放煤的放煤效果全都得到提升。在不同的放煤方式下，采用单轮放煤顶煤采出率较低，一般在 74% ~ 78% 之间，采用两轮放煤效果稍好，能够达到 79% ~ 82% 之间，同时采用三轮放煤能够达到 81% ~ 83%。因此可以看出，随着放煤次数的增加，间隔放煤效果好于顺序放煤效果。无论是顺序放煤还是间隔放煤，随着放煤轮次的提高，顶煤采出率都有显著提高，同样采用间隔放煤的顶煤采出率也高于顺序放煤。故采用间隔多轮放煤是较为合适的高效放煤方式。

6.4　特厚煤层综放工作面人员组织优化研究

工作面回采作业是煤炭开采的重要工序，但是，煤矿生产中由于地质条件变化复杂、施工作业人员调度方法不合理，以及作业工序时间不合理等因素造成工作面回采效率低、安全性差，影响煤矿安全高效生产。因此，高效的人员组织方案和合理的作业人员配置是煤矿生产管理的重中之重，要做到人尽其才、物尽其用。

6.4.1 原 611 工作面人员组织形式

前文对官板乌素煤矿 6 号煤层 611 工作面的采煤工艺进行优化，综放工作面采用两采一放间隔多轮的放煤方式。原劳动组织的形式已经不能满足优化后的采煤工艺需求。为了能更好地提高工效和人工效率，在安全生产的原则下对原劳动组织进行优化。

611 综放工作面采用"三八"工作制作业，即两班出煤、一班检修，每班作业时间为 8 h。

劳动组织：制定各种规章制度，确保正规循环作业的实施；每个生产班必须由班队干部领工，集体入井；每班入井前，必须召开班前会，在充分了解上一班工作情况的前提下制订有针对性的生产计划。

611 工作面配备人员共 69 人。出勤率为 89%，各班组人员配备情况见表 6-7。

表6-7 工作面劳动组织表　　　　　人

序号	工　种	检修班	生产班	生产班	合计
1	班长	1	1	1	3
2	验收员	1	1	1	3
3	带式输送机司机、转载机司机、前后刮板输送机司机、采煤机司机、电缆看护工		9	9	18
4	支架工、放煤工		3	3	6
5	生产值班电钳工		1	1	2
6	机电检修工	12			12
7	支架检修工	6			6
8	超前支护与巷道维修工	4	3	3	10
9	水泵司机	1	1	1	3
10	运料工	3			3
11	泵站司机	1	1	1	3
	合计	29	20	20	69

注：每天出勤两个生产班，一个检修班。

优化后劳动定员管理和劳动定员标准必须符合《安全生产法》《劳动法》和《煤炭安全规程》等法律、法规、规章的要求，符合煤矿客观实际，符合合理的和相对稳定的安全生产组织结构，以保证安全生产工作的需求。

6.4.2 作业流程程序分析

综放工作面各工种作业顺序为割煤→移架→推前部输送机→放顶煤→拉后部输送机，此为一个正规循环，各工序具体实施步骤如下：

（1）接班。

①准时进入工作面接班地点。

②在作业地点进行一对一交接班。

③通过详细询问交班岗位人员前一班的设备运行情况、隐患处理情况及遗留问题，进行风险预控确认，并认真填写交接班记录单。

（2）割煤操作流程及作业标准。

操作流程：

①开机。先供水，后合上隔离开关，按启动按钮开机；检查喷雾情况，并保证冷却水量。

②割煤。采煤机双向割煤，前滚筒割顶煤，后滚筒割底煤。

③停机。先打开隔离开关、脱开离合手柄停机，后关闭水阀开关停水。

作业标准：

①割煤时严格控制采高，顶煤、底板必须割平且不留底煤，将煤壁割成直线；采煤机割煤速度视后部输送机放煤量而定，防止煤量过多影响带式输送机运输。

②割煤时随时注意行走机构运行情况，采煤机前方有无人员和障碍物，有无大块煤、矸石或其他物件从采煤机下通过；若发现有安全情况时，应立即停止牵引和切割，并闭锁工作面刮板输送机，进行处理。

③发现截齿短缺，必须补齐，被磨钝的截齿应及时更换；补、换截齿时，必须先将隔离开关扳到"零"位，闭锁工作面刮板输送机。

④随时注意电缆和水管工作状态，不能挤压电缆和水管、憋劲和跳槽。

⑤随时观察油压、油温及采煤机运转情况，发现异常立即停机。

⑥正常停车时，不允许使用急停。

（3）移架操作流程及作业标准。

操作流程：

①移架。滞后采煤机后滚筒3架；如顶煤破碎，移架滞后采煤机前滚筒2架。

②移架程序。降前探梁（收伸缩梁）→降主顶梁（200 mm以内）→移支架→升主顶梁→升前探梁（升伸缩梁）。拉架后支架要呈一条直线，其偏差不得超过±50 mm，中心距偏差不得超过±100 mm。如机道顶煤破碎，必须将支架前梁伸出护住机道新露出的顶煤。移架过程中要严格按照激光红外线进行对齐支架，使工作面支架排成直线。当工作面来压较明显时，为了控制好顶板，防止发生漏顶事故，可不考虑直线问题，推开刮板输送机后进行二次移架。

作业标准：

①升柱前，先观察抬底油缸是否收回，如未收回则应及时收回，以防推刮板输送机时损坏抬底油缸；伸柱过程中要注意观察压力表示数，使支架达到规定的初撑力。支架伸紧、伸平后，即时伸出伸缩梁和护帮板，并及时观察一下后摆梁的位置，必要时再升一升后摆梁。

②当顶板破碎时采用擦顶移架，并打开护帮板。尽量减少空顶距，防止发生漏顶事故。

③每次移架前都先检查本架管线，不得刮卡，清除架前障

碍物。

④移架受阻达不到规定步距，要将操作阀手柄置于断液位置，查出原因并处理后再继续操作。

⑤推前部刮板输送机时，刮板输送机槽在水平方向的弯曲度不得大于3°，弯曲段长度不小于15 m，该段保持多个推移千斤顶同时工作。移过的输送机必须达到平、稳、直要求。

⑥拉后刮板输送机呈一条直线，不得出现急弯，减小后部刮板输送机的负荷，杜绝后部刮板输送机断链和卡链事故发生。

（4）推前部刮板输送机：滞后采煤机后滚筒15 m，利用操作手柄逐架推前部刮板输送机，推到位后，支架的操作手柄打到"零"位。

（5）放煤移架操作流程及作业标准。

操作流程：按"一刀一放"正规循环作业。放煤时缓慢开启插板，先将插板收回1/3～1/2，让顶煤缓慢均匀地流入输送机，根据煤量多少，调节插板收缩量。待插板回收完毕后，通过插板摆动、插板来回伸缩放煤，并根据煤量大小，控制尾梁上下摆动速度及角度。回摆尾梁时，必须先收回插板。如此重复多次，将顶煤放净。放煤见矸时，应升起尾梁，恢复到原位，再将插板伸出，操作手柄打到"零"位。

作业标准：

①放煤工根据后刮板输送机煤量多少，控制好放煤量。放煤工严格执行"见矸关窗"的原则。

②每次放煤前都应检查放煤管线，不得有挤压、扭曲、拉紧、破皮断裂，并清除架间、架后影响放煤的障碍物。

③放煤过程中如遇大块煤矸必须用插板破碎。要特别注意防止大块煤、矸石流入输送机内，如发现大块煤或大块矸石流入输送机内时，应停机处理，防止运输过程中碰坏支架尾梁千斤顶及管路。

④严禁超限放煤或放不净煤。放顶煤支架工必须注意观察顶

煤流动情况，当放出的顶煤中混矸多时，（一般有 20%～30% 的矸石应结束，有特殊规定的按规定要求），立即停止放煤，关闭放煤口。

（6）拉后部刮板输送机。

待放煤工放完顶煤后，利用操作手柄拉后部刮板输送机，逐架将后刮板输送机拉回。拉到位后，支架的操作手柄打到"零"位。

（7）交班。

①本班开采工作即将结束前，支架必须紧跟采煤机移设，不准留空顶。

②移完支架后，检查各操作手柄是否处在"零"位，限位装置是否放好。

③清理架前、架内浮煤，清洗支架。

④验收员验收，处理完毕存在问题，合格后方可收工，清点工具，放置好备品配件。

⑤填写"交接班记录"，履行交接班手续。

611 综放工作面采用正规循环作业方式，每循环进尺 0.6 m，一刀一放。611 工作面正规作业循环图如图 6-11 所示。

6.4.3 综放工作面各作业工序时间测定

在特厚煤层综放开采过程中，基本作业时间即为完成一个循环进尺所必需的作业时间，主要包括割煤、移架、移刮板输送机、放顶煤、拉后刮板输送机等工序所花费时间，官板乌素煤矿611 工作面为无特殊地质构造的厚煤层，对其中每一个工序进行分析研究，确定该工序的用时，经过分析整理得到基本作业时间。在综放作业流程中，各工序模块的作业步骤是比较固定的。

工人在生产中的工时消耗主要包括两个方面，其一为非定额时间，其二为定额时间，其主要构成如图 6-12 所示。

工人在生产中的工时消耗主要包括两个方面，其一为非定额时间，其二为定额时间。定额时间是指在正常技术条件下，工人

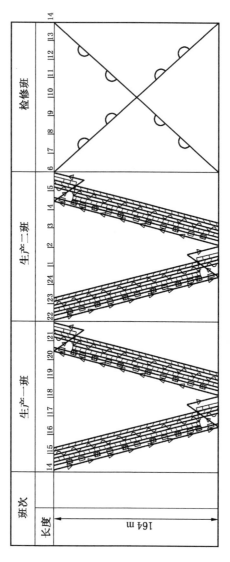

图6-11 611工作面正规作业循环图

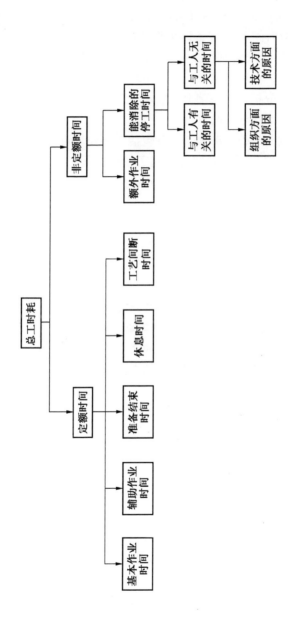

图6-12 作业总工时消耗图

完成一定量的工作所必须耗费的劳动时间，其包括基本作业时间 T_1、辅助作业时间 T_2、准备结束作业时间 T_3、休息时间 T_4、工艺间断时间 T_5。下面对包括接班、割煤、移架、推前部刮板输送机、放顶煤、拉后部输送机等工序时间进行研究，在对其中每一个工序进行分析研究基础上，确定该工序的用时，经过分析整理得到以下基本作业时间。

采煤机截割煤作业时间 t_1，其包括 3 部分时间：开机准备及启动时间 t_{11}、端部进刀时间 t_{12}、进刀割煤时间 t_{13}。采煤机司机操作采煤机截割煤，这部分时间又可以分为两部分时间：割煤时间 t_{121}、跑空刀时间 t_{122}。其中：

$$t_{131} = \frac{L_1}{V_1} \qquad (6-2)$$

$$t_{132} = \frac{L_2}{V_2} \qquad (6-3)$$

式中　L_1——每次进尺的采煤机割煤路线的总长；
　　　L_2——每次进尺的采煤机空转路线的总长；
　　　V_1——每次进尺采煤机割煤的牵引速度；
　　　V_2——每次进尺采煤机空转的牵引速度。

采煤机作业时间为

$$t_1 = t_{11} + t_{12} + t_{13} = t_{11} + \frac{L_1}{V_1} + \frac{L_2}{V_2} + t_{13} \qquad (6-4)$$

移架时间 t_2：综放工作面移架工序滞后采煤机一定时间平行作业，因此一般不单独费时；综放工作面现场，由于地质条件复杂，照明条件差，理论计算时间与实际作业差距较大，所以移架时间一般以实际测量时间为准。

推前部刮板输送机 t_3：前部刮板输送机在实际生产中，滞后采煤机后滚筒 15 m，移架后利用操作手柄逐架推前部刮板输送机，耗费时间与移架时间相近。

放顶煤时间 t_4：放顶煤时间与放煤工艺和放煤轮次及工人操

作经验相关，所以实际放煤时间一般以实际测量时间为准。

拉后部刮板输送机 t_5：后置刮板输送机在实际生产中，一般等待放煤结束后，由支架工顺次拉回。

综放工作面的准备结束交接时间 t_6：一般包括交接班与安全检查时间 t_0，交接班主要包括交接劳动工具，填写交接班工作日志等，安全检查主要包括对采煤机、转载机、刮板输送机等机械设备的安全检查，对照明灯也包括对巷道断面的安全检查，通过现场测量的方法，交接班以及安全检查的时间一般在 20 min 左右。

1. 综放工作面作业任务量确定

通过对特厚煤层综放工作面工序进行分析，确定综放作业的工作流程，在作业过程中，不同的工序所需要的劳动消耗是不同的，相同的作业工序，由于地质条件的不同，作业任务量也必定存有有多有少的现象，这样增加了确定工作量的难度，如果处理方法不恰当，会造成人员配置和设备资源分配不均，出现降低工人工作积极性的情形，甚至会影响整体的工作进度，严重时会导致作业现场停滞不前。因此，在工序分析的基础上，确定劳动组织定额可以更好地对生产系统进行标准化管理，提升作业效率，提高对现场工人的管理水平，优化资源配置，杜绝生产过程中人力物力的浪费，为今后的管理工作提供依据。

同一作业过程中，不同的作业循环中相同工序的任务量变化不大，工序作业任务量用工序中所有操作的时间总和表示。确定各工序作业主要包括三步：第一步，作业工序单元的划分，（即确定工序之间界限）以分析研究作业流程为依据，确定各作业工序的具体内容，确定各工序的开始与结束标记，以便对时间的测量；第二步，测量并统计作业时间，利用秒表测时法，对各作业工序的作业时间进行现场测量，并统计分析得出各作业单元的操作时间；第三步，汇总、处理各作业时间，确定各工序的作业任务量。

确定作业任务量，采用如下步骤：在各个作业时段中，随机观测作业所需时间，并详细记录作业时间。

采用"三倍标准差法"对数据进行处理，剔除异常的时间，假定对某一作业元素观测 n 次后，所得观测值分别记为 X_1，X_2，X_3，…，X_n，则工序作业时间的均值为 $\overline{X}$。

$$\overline{X} = \frac{\sum\limits_{i-1}^{n} X_i}{n} \qquad (6-5)$$

标准差 σ 测量值在 $\overline{X} \pm 3\sigma$ 范围内的都属于正常值，不在范围内的属于异常值，应剔除。因此，可将剔除后的数值全部作为正常值，并求得其均值作为工序作业的实际测量时间。

$$\sigma = \sqrt{\frac{\sum (X_i - \overline{X})^2}{n}} \qquad (6-6)$$

现场实测 611 综放工作面各工序作业时间见表6-8。

表6-8 611 综放工作面各工序作业时间 (1.2 m)　　min

任务序号	工序	观 察 值						平均值
1	准备作业	35.25	30.68	26.34	33.29	28.35	31.23	30.86
2	割煤	92.58	91.58	95.36	97.82	100.82	97.45	95.94
3	移架	61.58	58.59	67.78	69.45	56.69	63.46	62.93
4	推前置刮板输送机	60.28	60.28	62.58	63.56	61.00	65.23	62.16
5	放顶煤	123.58	119.69	114.28	122.58	131.59	126.58	123.05
6	拉后部刮板输送机	45.58	55.25	51.28	48.56	42.28	58.52	50.25
7	工艺间断	12.56	13.58	14.59	15.68	15.86	34.58	17.81
8	辅助作业	12.36	18.28	16.25	15.26	15.24	14.28	14.95
9	交接时间	21.00	19.00	20.00	16.00	18.00	16.00	18.33
合计								476.28

2. 求解最优人员配置

综放作业中，除了提高效率外，合理地安排作业人员也是重要的因素，分析作业施工现场具体施工条件，作业环境属于封闭狭小空间的危险环境作业的范畴。对这一环境进行作业人员调配时，需要考虑作业空间有限性对作业人员配置的影响。

作业调度问题的模型充分考虑到现场作业空间的有限性，分析不同岗位的作业空间，进行现场测量和分析，结合工作面的作业环境和人机关系，确定各工序具体的人员配置，找出不同人员配置下的关键路径，在最短关键路径时间确定好后，对作业流程进行并行规划，找出作业流程中的主线作业程序和辅助、非关键作业程序，对其前后位置关系进行分析和细化，找出各作业延续时间和相互关系，结合"工期固定—资源均衡"的资源均衡优化方法，在保证关键路径时间不变的情况下，对现场工序工作人员进行资源均衡优化，使得资源分配更具合理、均衡。

为确定完成各工序所需的最少人数 r_j 和最多人数 v_j，满足每位作业人员对作业空间的需求，应充分考虑工作面人机匹配问题，合理处理人机空间的关系，为建立安全高效的人员匹配模型打下坚实的基础。

1) 各工序作业时间优化

正规作业循环中，回采作业中的关键工序决定了回采作业时间，而关键路径的时长则直接决定了每个生产班的作业循环的次数，因此，在正规循环作业中，关键路径的选择与各工序之间的人员配置方式直接决定了工作效率。

在一个正规作业循环中，包含着 N 项工作，集合 $T = \{1, 2, \cdots, N\}$ 则为 N 项工作的集合，设第 i 项工作的执行时间为 d_i，其中 $i \in T$。由于作业流程的原因，某些工作之间存在着紧前关系，这种紧前关系可用弧 (i, j) 表示，意思即为工作 i 需要在工作 j 之前完成，A 是所有弧 (i, j) 的集合。其中工序 1 代表唯一的最早开始的工作，工序 N 代表唯一最晚结束的工作，两者均为不消耗时间（耗时为 0）是资源的虚工序，代表着整个工程的开始与结束。

模型描述：令 X_i $(i \in T)$ 为工作 i 的最早开始时间。工作的先后顺序是在此被考虑的唯一的约束条件。因此可以得到数学模型：

$$\min X_n$$

$$s.t.$$

$$\forall (i, j) \in A: X_i + d_i \leqslant X_j \tag{6-7}$$

$$\forall i \in T: X_i \geqslant 0$$

作业人员调度模型只考虑人这一单一资源，所有任务都需要该资源；任务执行所需求人数应在最少需求人数与最大可容纳人数之间，否则不得执行。

2）作业人员均衡化优化

回采作业关键路径时间优化后，根据回采作业工序并行分解的标准，对回采作业流程进行并行规划，对回采作业中不同阶段的作业工序的前后位置关系进行分析和细化，确定各主要工序的搭接关系，各作业之间的延续时间，在不影响关键路径时间的基础上，进一步优化回采作业流程，实现作业流程之间各环节的交叉并行作业，达到节约资源与成本的目的。

在关键路径时间不变的基础上，使用缩方差法模型对人力资源进行均衡化处理，使得人力资源的分配更加趋向于均衡、稳定。人力资源消耗的方差公式为

$$\sigma^2 = \frac{1}{T} \sum_{t=1}^{T} (R_t - R_m)^2 = \frac{1}{T} \sum_{t=1}^{T} R_t^2 - R_m^2 \tag{6-8}$$

$$\sigma^2 = \frac{1}{T} \sum_{t=1}^{T} (R_t) \sigma \tag{6-9}$$

$$R_m = \frac{1}{T} \sum_{t=1}^{T} R_t \tag{6-10}$$

式中　σ^2——作业流程中各时间段对人力资源需要量的方差；

　　　T——整个作业流程的持续时间；

R_t——人力资源在第 t 时间单位的所使用的数量；

R_m——人力资源在整个作业流程内每个时间单位的平均需要量。

在人力资源均衡化分析过程中 σ^2 值越大，表示各个时间段内人力资源需求量离人力资源需求量的平均数越远，说明人力资源的均衡性越差；反之，σ^2 值越小，作业流程的人力资源均衡性越好。因此，缩方差法模型的计算原理就是利用时差作为接入点，采用调整作业工序的开始和完成时间的方法，寻找 σ^2 的最小值，使得人力资源使用量趋向于均衡。

由于整个作业流程的作业时间已经确定，所以，作业流程时间 T 和人力资源的单位平均需要量 R_m 是不变的，所以要缩小 σ^2，必须减少 $\sum\limits_{t=1}^{T} R_t^2$ 的值。

优化方法：作业流程中有一工序用 i-j 表示，该工序的自由时差用 F_{ij} 表示，该工序中对人力资源的需求数量为 R_{ij}，工序最早开始时间与最早结束时间分别为 a 和 b，将该作业工序向右移动一个时间单位（这里假定为 min），那么对于整个作业流程：在 $(a+1)$min 时间段内的人力资源需要量减少为 $R(a+1)-R_{ij}$；在 $(b+1)$min 时间段内的人力资源需要量增加为 $R(b+1)+R_{ij}$。

当工序 i-j 右移一个时间单位，$\sum\limits_{t=1}^{T} R_t^2$ 值的变化量 Δ 为：Δ 右移后的 $\sum\limits_{t=1}^{T} R_t^2$ – 右移前的 $\sum\limits_{t=1}^{T} R_t^2$ 值，即

$$\Delta = \{[R(b+1)+R_{ij}]^2 + [R(a-1)+R_{ij}]^2\} - [R^2(b+1)^2 + R^2(a+1)^2]$$

$$= 2R_{ij}[R(b+1)-R(a+1)+R_{ij}] \qquad (6-11)$$

所以，要使工序右移一个时间单位，缩小 $\sum\limits_{t=1}^{T} R_t^2$ 值，则必须使 $\Delta \leqslant 0$。因此

$$\Delta' = R(b + 1) - R(a + 1) + R_{ij} \leqslant 0 \qquad (6 - 12)$$

在工序调整后，如果各参数之间能满足 Δ' 判别条件，则可将该工序再次向右移一个时间单位；若不能满足 Δ' 条件，则不能右移。均衡化的判别方法：假定工序向右移动总时间累计为 k，工序 $i-j$ 的作业持续时间为 t_{ij}。则工序能否右移一个时间单位的判别方法如下式：

$$\Delta' = R(b + 1) - R(a + 1) + R_{ij} \leqslant 0 \quad (k \leqslant t_{ij})$$
$$(6 - 13)$$

$$\Delta' = R(b + 1) - \left[R(a + 1) + R_{ij} \right] + R_{ij} \quad (k > t_{ij})$$
$$(6 - 14)$$

当移动一个时间单位不符合式（6-13）或式（6-14）时，不表示该工序不能移动两个、三个，甚至更多的时间单位。因此，在可移动范围内，可以逐一地计算移动不同时间单位的 Δ' 值，确定能否继续移动工序。均衡化处理后的作业人员配置，可以促使每道工序中人员配置更加均衡、稳定，且可以避免忙闲不均的情况发生。

通过对工序作业任务量及执行人数分析可知，回采作业中耗时最多为放煤工序，原作业工序采用一采一放单轮顺序放煤存在耗时长、顶煤采出率低等问题，优化后工作面采用两采一放多轮间隔的放煤时间，对放煤次数、操作水平要求更加严格。将611工作面人员组织及各工序作业时间代入上述模型中，运用MATLAB软件，计算工人不同配置情况下作业工序的关键路径时间，优化劳动组织方案，使作业人员配置更加均衡、稳定。优化后的劳动组织见表6-9。

表6-9 优化后劳动组织表　　　　　人

序号	工　　种	检修班	生产班	生产班	合计
1	班长	1	1	1	3
2	验收员	1	1	1	3

表6-9（续）　　　　　　　　人

序号	工　种	检修班	生产班	生产班	合计
3	带式输送机司机、转载机司机、前后刮板输送机司机、采煤机司机、电缆看护工		7	7	14
4	支架工、放煤工		5	5	10
5	生产值班电钳工		1	1	2
6	机电检修工	12			12
7	支架检修工	6			6
8	超前支护与巷道维修工	4	3	3	10
9	水泵司机	1	1	1	3
10	运料工	3			3
11	泵站司机	1	1	1	3
	合计	29	20	20	69

优化后人员配置更加均衡，较原有人员组织形式，增加了放煤工及支架工人数。

参 考 文 献

[1] 贾鹍宇. 煤炭行业现状分析及发展趋势预测 [J]. 企业改革与管理, 2016 (6): 197.

[2] 王泽安. 煤炭企业信息化现状及发展趋势研究 [J]. 煤炭工程, 2015, 47 (2): 146-148.

[3] 乌荣康. 高产高效矿井建设现状及发展趋势 [J]. 中国煤炭, 2003 (10): 7-9+4.

[4] 孟宪锐, 王鸿鹏, 刘朝晖, 等. 我国厚煤层开采方法的选择原则与发展现状 [J]. 煤炭科学技术, 2009, 37 (1): 39-44.

[5] 李化敏, 蒋东杰, 李东印. 特厚煤层大采高综放工作面矿压及顶板破断特征 [J]. 煤炭学报, 2014, 39 (10): 1956-1960.

[6] 王金华. 特厚煤层大采高综放开采关键技术 [J]. 煤炭学报, 2013, 38 (12): 2089-2098.

[7] 刘金海, 姜福兴, 王乃国, 等. 深井特厚煤层综放工作面区段煤柱合理宽度研究 [J]. 岩石力学与工程学报, 2012, 31 (5): 921-927.

[8] 李国志, 孙立军. 分层开采中分层煤柱巷道失稳机理与控制技术研究 [J]. 煤炭工程, 2020, 52 (12): 46-50.

[9] 王志根, 郭志伟, 丁志刚. 6106综放工作面端头放顶煤工艺优化研究与应用 [J]. 山东煤炭科技, 2021, 39 (3): 3-5.

[10] 吴健. 我国放顶煤开采的理论研究与实践 [J]. 煤炭学报, 1991 (3): 1-11.

[11] 刘一博, 白云虎, 侯建国. 浅谈综采放顶煤开采的发展及存在的问题与对策 [J]. 煤矿安全, 2011, 42 (6): 160-162.

[12] 吕文陵, 杨胜强, 徐全, 等. 高瓦斯矿井孤岛综放采空区遗煤自燃综合防治技术 [J]. 中国安全生产科学技术, 2010, 6 (5): 60-66.

[13] 何启林, 王德明. 综放面采空区遗煤自然发火过程动态数值模拟 [J]. 中国矿业大学学报, 2004 (1): 14-17.

[14] 王家臣. 我国综放开采技术及其深层次发展问题的探讨 [J]. 煤炭科学技术, 2005 (1): 14-17.

[15] 吴健. 我国综放开采技术15年回顾 [J]. 中国煤炭, 1999 (Z1): 9-16+61.

[16] 任启寒，徐遵玉，陈成. 特厚煤层综放采场覆岩结构及矿压规律研究 [J]. 煤炭工程，2021，53（1）：79-83.

[17] 翟志伟，孟秀峰，武志高，等. 基于钻孔成像观测的导水裂隙带高度确定方法研究 [J]. 煤炭工程，2020，52（11）：89-93.

[18] 钱鸣高，缪协兴，何富连. 采场"砌体梁"结构的关键块分析 [J]. 煤炭学报，1994（6）：557-563.

[19] 钱鸣高. 20 年来采场围岩控制理论与实践的回顾 [J]. 中国矿业大学学报，2000（1）：1-4.

[20] 缪协兴，钱鸣高. 采场围岩整体结构与砌体梁力学模型 [J]. 矿山压力与顶板管理，1995（Z1）：3-12+197.

[21] 朱涛，张百胜，冯国瑞，等. 极近距离煤层下层煤采场顶板结构与控制 [J]. 煤炭学报，2010，2：190-193.

[22] 卢国志，汤建泉，宋振骐. 传递岩梁周期裂断步距与周期来压步距差异分析 [J]. 岩土工程学报，2010，32（4）：538-541.

[23] 高新春，孙光中，王国际. "三软"厚煤层开采覆岩运动规律模拟 [J]. 煤炭技术，2011，30（10）：69-71.

[24] 郭成英. 坚硬特厚煤层工作面覆岩运动规律分析 [J]. 山西焦煤科技，2012，36（10）：30-32.

[25] 李化敏，张群磊，刘闯，等. 特厚煤层大采高开采覆岩运动与矿压显现特征分析 [J]. 煤炭科学技术，2017，45（1）：27-33.

[26] 于辉，刘国磊，初道忠. 基于薄板理论的巷道层状顶板破断模型分析 [J]. 煤炭技术，2018，37（1）：13-16.

[27] 郁钟铭，赵彩云，王正红. 基于薄板理论的煤层顶板运移规律研究 [J]. 煤炭技术，2017，36（5）：11-14.

[28] 钱鸣高，缪协兴，许家林. 岩层控制中的关键层理论研究 [J]. 煤炭学报，1996（3）：2-7.

[29] 许家林，钱鸣高. 覆岩关键层位置的判别方法 [J]. 中国矿业大学学报，2000（5）：21-25.

[30] 左建平，孙运江，钱鸣高. 厚松散层覆岩移动机理及"类双曲线"模型 [J]. 煤炭学报，2017，42（6）：1372-1379.

[31] 吴爱民，左建平. 多次动压下近距离煤层群覆岩破坏规律研究 [J]. 湖南科技大学学报（自然科学版），2009，24（4）：1-6.

[32] 王志国, 周宏伟, 谢和平, 等. 深部开采对覆岩破坏移动规律的实验研究 [J]. 实验力学, 2008, 23 (6): 503-510.

[33] 宋振骐, 粟才全, 汤建泉, 等. 岩石的非线性力学模型分析 [J]. 矿业工程研究, 2010, 25 (4): 1-2.

[34] 康天合, 柴肇云, 李义宝, 等. 底层大采高综放全厚开采 20 m 特厚中硬煤层的物理模拟研究 [J]. 岩石力学与工程学报, 2007 (5): 1065-1072.

[35] 王家明. 综采放顶煤开采技术在蒋家河煤矿的应用 [J]. 煤炭技术, 2010, 29 (10): 70-71.

[36] 丁同勇, 王传兵, 孔德慧. 急倾斜矿井深部采区巷道优化布置的探索 [J]. 煤炭技术, 2001 (11): 25-27.

[37] 柴火茂, 吴永平, 张全功. 特厚 "两硬" 煤层预采顶分层放顶煤开采及探索 [J]. 煤炭科学技术, 1995 (6): 29-32.

[38] 冯宇峰. 综放开采含硬夹矸顶煤破碎机理及控制技术研究 [J]. 煤炭科学技术, 2020, 48 (3): 133-139.

[39] 刘思利. 特厚坚硬煤层综放开采顶煤爆破弱化技术研究 [J]. 内蒙古煤炭经济, 2017 (Z1): 110-111.

[40] 高圣元. 坚硬煤层综放开采顶煤深孔爆破弱化机理与工程应用研究 [D]. 北京: 煤炭科学研究总院, 2019.

[41] 于斌, 段宏飞. 特厚煤层高强度综放开采水力压裂顶板控制技术研究 [J]. 岩石力学与工程学报, 2014, 33 (4): 778-785.

[42] 黄好君, 李寿君, 郭洁, 等. 水压致裂顶煤弱化技术在综放工作面中的试验 [J]. 煤矿开采, 2018, 23 (S1): 67-69.

[43] 李磊, 柏建彪, 王襄禹. 综放沿空掘巷合理位置及控制技术 [J]. 煤炭学报, 2012, 37 (9): 1564-1569.

[44] 郑西贵, 姚志刚, 张农. 掘采全过程沿空掘巷小煤柱应力分布研究 [J]. 采矿与安全工程学报, 2012, 29 (4): 459-465.

[45] 李学华, 张农, 侯朝炯. 综采放顶煤面沿空巷道合理位置确定 [J]. 中国矿业大学学报, 2000 (2): 186-189.

[46] 李瑞群, 吴士良, 安伯超. 综放工作面留设合理小煤柱尺寸研究 [J]. 煤矿开采, 2007 (3): 8-10+3.

[47] 杨家兵, 余忠林. 提高综采放顶煤工作面采出率的措施 [J]. 中国科

技信息，2008（19）：23+25.

[48] 韩承强. 孤岛工作面顶板破断规律及动压致灾机理研究 [J]. 煤炭技术，2016，35（3）：208-210.

[49] 郭军，张科学，王襄禹，等. 基于煤体损伤演化的煤柱承载规律与宽度确定研究 [J]. 煤矿安全，2020，51（8）：48-57.

[50] 石永奎，宋振骐，王崇革. 软煤层综放工作面沿空掘巷支护设计 [J]. 岩土力学，2001（4）：509-512.

[51] 王红胜，李树刚，张新志，等. 沿空巷道基本顶断裂结构影响窄煤柱稳定性分析 [J]. 煤炭科学技术，2014，42（2）：19-22.

[52] 赵云虎. 矿井巷道主动支护方式及应用发展趋势 [J]. 能源与节能，2013（9）：35-37.

[53] 赵云虎. 综放面沿空掘巷区段煤柱尺寸的优化研究 [J]. 煤炭工程，2012（4）：5-7.

[54] 彭林军，张东峰，郭志飚，等. 特厚煤层小煤柱沿空掘巷数值分析及应用 [J]. 岩土力学，2013，34（12）：3609-3616+3632.

[55] 苏得佐. 煤层综放开采地表移动变形规律研究 [J]. 自动化应用，2020（11）：135-136.

[56] 何富连，何文瑞，陈冬冬，等. 考虑煤体弹—塑性变形的基本顶板初次破断结构特征 [J]. 煤炭学报，2020，45（8）：2704-2717.

[57] 钱鸣高，石平五，许家林，等. 矿山压力与岩层控制 [M]. 徐州：中国矿业大学出版社，2010.

[58] 钱鸣高，缪协兴. 采场上覆岩层结构的形态与受力分析 [J]. 岩石力学与工程学报，1995，14（2）：97-106.

[59] 韩红凯，王晓振，许家林，等. 覆岩关键层结构失稳后的运动特征与"再稳定"条件研究 [J]. 采矿与安全工程学报，2018，35（4）：734-741.

[60] 姜福兴，Xun Luo，杨淑华. 采场覆岩空间破裂与采动应力场的微震探测研究 [J]. 中国煤炭，2017，43（12）：63-67.

[61] 许家林，钱鸣高，高红新. 采动裂隙实验结果的量化方法 [J]. 辽宁工程技术大学学报，1998，6：586-589.

[62] 许家林，钱鸣高. 覆岩注浆减沉钻孔布置研究 [J]. 中国矿业大学学报，1998，3：276-279.

[63] 许家林, 钱鸣高. 关键层运动对覆岩及地表移动影响的研究 [J]. 煤炭学报, 2000, 2: 122-126.

[64] 钱鸣高, 缪协兴, 许家林, 等. 岩层控制中关键层的理论 [M]. 徐州: 中国矿业大学出版社, 2000.

[65] 王永佳, 刘建伟, 宋选民. 千米深井大采高综放工作面垮落带高度研究 [J]. 岩土工程学报, 2002, 2: 147-149.

[66] 王家臣. 煤炭科学开采与开采科学 [J]. 煤炭学报, 2016, 41 (11): 2651-2660.

[67] RUTHERFORD A. Moderately thick seam mining in Australia [C] //WU J, WANG J C. Proceedings of' 99 International Workshop on Underground Thick – Seam Mining. Beijing: China Coal Industry Publishing House, 1999: 122-135.

[68] 徐曾和, 徐小荷, 唐春安. 坚硬顶板下煤柱岩爆的尖点突变理论分析 [J]. 煤炭学报, 1995, 20 (5): 485-491.

[69] 季风, 麻凤海. 浅埋暗挖隧道围岩沉降数值分析 [J]. 辽宁工程技术大学学报 (自然科学版), 2018, 37 (1): 82-86.

图书在版编目（CIP）数据

坚硬特厚煤层综放采场围岩控制理论及技术研究/
周晓路，高艳刚，朱贵祯著 . --北京：应急管理出版社，
2021

ISBN 978-7-5020-8785-2

Ⅰ.①坚…　Ⅱ.①周…　②高…　③朱…　Ⅲ.①特厚煤
层—煤矿开采—围岩控制—研究　Ⅳ.①TD823.25

中国版本图书馆 CIP 数据核字（2021）第 113455 号

坚硬特厚煤层综放采场围岩控制理论及技术研究

著　　者	周晓路　高艳刚　朱贵祯
责任编辑	武鸿儒
责任校对	孔青青
封面设计	安德馨

出版发行　应急管理出版社（北京市朝阳区芍药居 35 号　100029）
电　　话　010-84657898（总编室）　010-84657880（读者服务部）
网　　址　www.cciph.com.cn
印　　刷　北京建宏印刷有限公司
经　　销　全国新华书店

开　　本　880mm×1230mm^1/$_{32}$　印张　6^1/$_8$　字数　166 千字
版　　次　2021 年 6 月第 1 版　2021 年 6 月第 1 次印刷
社内编号　20210530　　　　　定价　30.00 元